中国大科学装置出版工程

PROBING INTO THE WORLD OF NUCLEI

HEAVY ION RESEARCH FACILITY IN LANZHOU

探访
"小矮人"世界

兰州重离子加速器

靳根明 肖国青 主编

浙江出版联合集团
浙江教育出版社·杭州

本书编委会

主　　编：靳根明　肖国青
编　　委：杨晓东　甘再国　王　猛　李　强
　　　　　周利斌　刘　杰　胡正国　梁晋洁
　　　　　张志远　孙铭泽　黄旭祎

总　序

新一轮科技革命正蓬勃兴起，能否洞察科技发展的未来趋势，能否把握科技创新带来的发展机遇，将直接影响国家的兴衰。21世纪，中国面对重大发展机遇，正处在实施创新驱动发展战略、建设创新型国家、全面建成小康社会的关键时期和攻坚阶段。

科技创新、科学普及是实现国家创新发展的两翼，科学普及关乎大众的科技文化素养和经济社会发展，科学普及对创新驱动发展战略具有重大实践意义。当代科学普及更加重视公众的体验性参与。"公众"包括各方面社会群体，除科研机构和部门外，政府和企业中的决策及管理者、媒体工作者、各类创业者、科技成果用户等都在其中，任何一个群体的科学素质相对落后，都将成为创新驱动发展的"短板"。补齐"短板"，对于提升人力资源质量，推动"大众创业、万众创新"，助力创新型国家建设和全面建成小康社会，具有重要的战略意义。

科技工作者是科学技术知识的主要创造者，肩负着科学普及的使命与责任。作为国家战略科技力量，中国科学院始终把科学普及当作自己的重要使命，将其置于与科技创新同等重要的位置，并作为"率先行动"计划的重要举措。中国科学院拥有丰富的高端科技资源，包括以院士为代表的高水平专家队伍，以大科学工程为代表的高水平科研设施和成果，以国家科研科普基地为代表的高水平科普基地等。依托这些资源，中国科学院组织实施"高端科研资源科普化"计划，通过将科研资源转化为科普设施、科普产品、科普人才，普惠亿万公众。同时，中国科学院启动了"科学与中国"科学教育计划，力图将"高端科研资源科普化"的成果有效地服务于面向公众的科学教育，更有效地促进科教融合。

科学普及既要求传播科学知识、科学方法和科学精神，提高全民科学素养，又要求营造科学文化，让科技创新引领社会持续健康发展。基于此，中国科学院联合浙江教育出版社启动了中国科学院"科学文化工程"——以中国科学院研究成果与专家团队为依托，以全面提升中国公民科学文化素养、服务科教兴国战略为目标的大型科学文化传播工程。按照受众不同，该工程分为"青少年科学教育"与"公民科学素养"两大系列，分别面向青少年群体和广大社会公众。

"青少年科学教育"系列，旨在以前沿科学研究成果为基础，打造代表国家水平、服务我国青少年科学教育的系列出版物，激发青少年学习科学的兴趣，帮助青少年了解基本的科研方法，引导青少年形成理性的科学思维。

　　"公民科学素养"系列，旨在帮助公民理解基本科学观点、理解科学方法、理解科学的社会意义，鼓励公民积极参与科学事务，从而不断提高公民自觉运用科学指导生产和生活的能力，进而促进效率提升与社会和谐。未来一段时间内，中国科学院"科学文化工程"各系列图书将陆续面世。希望这些图书能够获得广大读者的接纳和认可，也希望通过中国科学院广大科技工作者的通力协作，使更多钱学森、华罗庚、陈景润、蒋筑英式的"科学偶像"为公众所熟悉，使求真精神、理性思维和科学道德得以充分弘扬，使科技工作者敢于探索、勇于创新的精神薪火永传。

中国科学院院长、党组书记　白春礼

2016 年 7 月 17 日

朋友们，你们知道构成世上所有物质的最小粒子是什么吗？你可能会说是原子。那么，原子又是由什么构成的呢？构成原子的物质是什么？它长什么样？怎么能让它们为我们所用？用在哪些地方？如果你还不太清楚，就在这本书中寻找答案吧！

原子更像是一个城堡，它的城墙由电子构成，不过这座城墙不那么密实。每个城堡中只有一个居民——小矮人（原子核）。在小矮人的世界里，有将近3500户不同的居民，他们在蓝色的海洋中筑起了自己的版图。像我们的世界一样，那里有很多规则和纪律，每个小矮人都自觉遵守，这样就组成一个有秩序的世界。但是在这个世界中，每个小矮人也都有自己的特点，也会尽可能地发挥自己的作用。

要想知道小矮人的来历，并制造更多的小矮人、利用小矮人做事情，就必须首先让他们行动起来，成为有战斗力的军队。为此，科学家发明了各种各样的小矮人军队训练基地——加速器。从本书中你可以了解这些基地的内部情况，以及小矮人军队是如何进行训练的。

　　小矮人从何而来？有少数是诞生于宇宙初始的混沌状态中的，更多的则是从恒星几十亿年的由生到死的演化中产生出来的。不过能留给我们使用和研究的小矮人的品种却不是很多，只有287种。另有3000多种是近七八十年来，科学家在实验室中制造出来的，科学家还对他们的特性进行了仔细研究。小矮人军队可以帮助我们杀灭肿瘤，改良农作物、花卉、中草药等，也可以改良微生物，使它们更好地为人们所用。小矮人军队还可以为人造地球卫星、奔月的"嫦娥"、前往火星的探索者，以及宇航员的安全提供重要帮助呢！

　　欲知详情，就仔细阅读这本书吧。看后有什么意见和建议，请告诉我们，我们会进一步修改。

　　如果你想了解有关小矮人的更多故事，实地考察一下训练基地和小矮人军队的训练过程，以及小矮人军队的各种战斗成果，那就到我国著名的核物理研究所——中国科学院近代物理研究所参观吧！

中国科学院近代物理研究所

2017 年 7 月

> **目录** CONTENTS

第一章 到原子城堡探访小矮人 — 1

1 探访小矮人   3
2 小矮人的碰撞比赛   25
3 别开生面的表演   34

第二章 小矮人部队的训练基地   37

1 为什么要建立小矮人部队   39
2 如何建立小矮人部队   39
3 简陋的小矮人部队训练基地   40
4 胖小矮人部队训练基地   43
5 小矮人闪电部队训练基地   48

第三章 小矮人世界的新成员   55

1 小矮人世界的版图   57
2 新生的小矮人   59
3 发现新大陆   60
4 小矮人世界的远景规划   69

第四章 称称小矮人有多重   71

1 有的是办法去称他质量   73
2 新秀赛跑测身体质量   76
3 可以称"我"的体重吗   81

第五章　**斩妖除魔的生力军** ———————————————————————— **83**

1　优秀的战斗部队　　　　　　　　　　　　　　　　85

2　目标明确,精准无误　　　　　　　　　　　　　　91

3　优点多多,功效更上一层楼　　　　　　　　　　　92

4　整装待发　　　　　　　　　　　　　　　　　　93

第六章　**广阔天地，大有作为** ———————————————————————— **95**

1　变异可怕吗　　　　　　　　　　　　　　　　　97

2　相关辐射概念及辐射装置　　　　　　　　　　　108

3　众里寻她千百度,蓦然回首,她在哪里　　　　　111

4　诱变显神威　　　　　　　　　　　　　　　　113

5　辐射诱变育种的新型武器　　　　　　　　　　　113

6　太空飞船的安全检查员　　　　　　　　　　　125

兰州重离子研究装置（HIRFL）大事记 ———————————————— **129**

第一章

到原子城堡
探访小矮人

　　到原子城堡去寻找他的主人，一睹其真容，了解其家族成员。观看小矮人的运动会和他们的各种技艺表演。

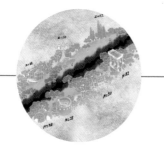

小矮人世界目前已有118个家族

1　探访小矮人

（1）穿越原子城堡的围墙

现在，许多人选择在假期出门旅游。周末可以开车去比较近的地方，长假期间则会选择各种交通工具出远门。有的人喜欢到风景优美的海边，一边享受海风温柔的按摩，一边欣赏蔚蓝的大海，跳入大海，尽情地享受海水带来的惬意。还有的人喜欢到山区，去享受那人间仙境般的自然生活。那么，你想过吗，要不要变化一下，将自己变成一个很小很小很小的人，乘坐一架最新制造出来的"微微"微型直升机，到微观世界旅游一次，领略一下那里的奇异景观？如果你有这个愿望和胆量，那就来吧！

图1-1　原子世界

变！一阵香风袭来，我被吹得昏昏沉沉，不知经过了多长时间，耳边传来一声声轻轻的呼唤："快睁开眼，我们就要到机场了！"我轻轻地揉了几下眼睛，睁眼向四周望去，见不到一个人，只看到一座座漂浮的大山，在空中游来游去，好像来到了阿凡达世界。每一座山上，虽然没有任何的树木和青草，却一闪一闪地发出耀眼的光亮。仔细看看脚下，也是遍布丘陵，还有一道道裂缝。一架直升机停在旁边，它的螺旋桨已经在快速地旋转着，也许正等着我上直升机呢。

图1-2　电子无处不在

我一上直升机，就升空了，这是一架无人驾驶的直升机。直升机上传来女士特有的甜美悦耳的声音："小姑娘，你好！欢迎你乘坐我们的直升机进入铁的微观世界旅游。一路上我们会随时给你介绍各处的风景。首先要告诉你的是我们的直升机比起电子来还不算太小。"好家伙，直升机竟然要与电子比大小！电子又是什么好玩的东西呢？

"你一定知道电了，现代生活中，电不可或缺。各家各户用的电就是在导线中流动的电子流。1897年，一个名叫汤姆逊的英国人在做实验时发现了电子，并沿用了另一名英国人乔治·斯托尼给它起的名字。电子很小，比起我们的直升机，它就像一粒沙子。它的质量只有大约100万亿亿亿分之一千克（9.11×10^{-31}千克）。尽管这么小，它可是原子城堡不可缺少的组成部分。"正说着，我听到"砰"的撞击声。"你可能听到了什么声音，那是快速飞行的电子撞到了我们直升机舷窗的声音。"

我一边听讲，一边透过舷窗向外张望，除了一座座悬浮的大山，还有许多大小不一的城堡也在快速地游来游去。真奇怪，城堡有单独的，也有三个连在一起的，但大多数城堡都是成双成对的，像情侣似的紧紧地依偎在一起。直升机也在不停地左躲右闪，生怕一不小心撞上哪对依偎在一起的恋人。

我正琢磨着其中的缘由，耳边又传来那悦耳的解说，好像她看透了我的心思。"可能你已经看到，外面除了漂浮不定的大山，还有许多圆圆的像是城堡的建筑，那是空气中的各种气体分子，氧是其中的一种气体。英文字母'O'表示氧原子，每个氧原子都要找一个伙伴，要么与自己的同类原子结伴，要么与别的原子结伴，只有这样，它们在一起形成的城堡才更加牢固。你看那蓝色的双球就是它们的城堡，在所有漂浮的城堡中，它们大约占两成（21%）。氧是地球上万物生长不可缺少的一种元素。"我仔细地观

图1-3 神奇的原子世界

察了下那些成双成对的蓝色伴侣，只见它们在不停地飘动，不停地翻转，好像是在跳双人舞，优美的舞姿让人流连忘返。

"空气中的另一个主角是氮气，它们也是出双入对，那些与蓝色城堡大小差不多的黑色双子堡就是氮气城堡，它们在空气中大约占78%。氮也是生命不可缺少的元素。我们日常食用的肉食和鸡蛋里就有很多氮元素，不过它是与氧、碳等元素以一定比例结合成为蛋白质才能供食用的。"是啊，那些黝黑发亮的舞者同样婀娜多姿。还有一些小小的身穿红色舞服的舞者，它们体形娇小，在黑色和蓝色的双人舞间快速穿梭，舞姿柔美，但是它们只是独自舞蹈，自娱自乐而已。

"请问，那些身着红装的娇小舞者是谁呀？"

"那是氩原子城堡，它们可都是独身主义者。"

那甜甜的声音继续说道："快看，两个穿蓝衣服的女士拉着一个穿银灰色服装的男士在跳三人舞呢。那是二氧化碳气体分子。不要看它们数量很少，但它们的作用可大了，能将地球上发出的热反射回去，为保持地球的温度发挥一定的作用。但是二氧化碳不能太多，不然，地球表面的热无法散发出去，时间长了地表温度就会升高，从而引发各种自然灾害。"哦，怪不得近年来世界各国会在一起签订减少排放二氧化碳的协议。

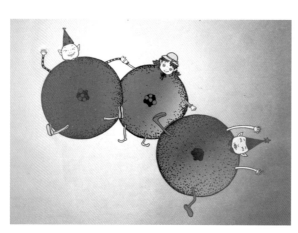

图1-4　二氧化碳分子中的原子城堡

我看到了一座座城堡，还有很少量的沙粒，它们在城堡之间自由地飞舞，永远都不会粘在一起，但偶尔会碰到城堡。

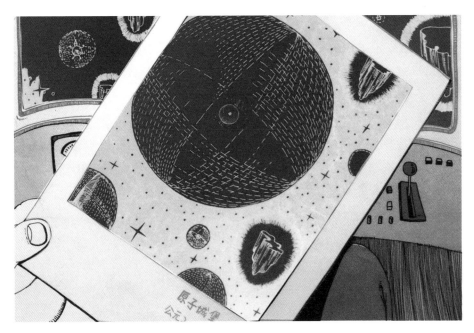

图1-5 　原子城堡（原子）

　　"这些沙粒是120多年前一个名叫汤姆逊的人发现的电子。它们个个都带着同样的电荷。大家知道，带同种电荷的物体相互排斥，带异种电荷的物体相互吸引。"

　　这时，有一个城堡在我们的直升机前闪过。我急忙录下这精彩的一幕。通过回放录像，我发现这个城堡很奇怪，像是一个大大的圆球，城堡的"城墙"看起来似乎非常厚；仔细端详，又好像是一层厚厚的云。这些"城墙"到底是用什么建起来的，又是怎么建起来的呢？

　　"'不入虎穴，焉得虎子。'我们赶紧飞向城堡吧。"我默默说道。可是我们怎么也追不上那些快速飘动的城堡，只能望洋兴叹！

　　"不要着急，我们还可以去钢铁世界参观，那里也有很多城堡。它们排列得非常整齐，移动得也不是很快。"女士的话让我安心了。

直升机向着一座望不到头的大山飞去。飞着飞着，山不见了，一片黑暗，我们好像掉进了无底的深渊。这时，直升机上的强力探照灯打开了。在灯光的照射下，远处出现了一道美丽的风景：一排排闪闪发光的大城堡整齐地悬浮着，整个都是透明的。

"城堡怎么还会动呢?"我不解地自言自语。

"是的，每个城堡都在不停地运动着，不过幅度不会太大，不然会影响到旁边的城堡。当然，如果有一个大家伙用力将它猛推一把，那又是另外一回事了。"女士及时地解答了我的疑问。

此时，直升机又向一个城堡飞去。城堡的"城墙"看着越来越模糊，我们好像进入一片淡淡的电子雾中。越向前飞，电子也越多，它们不断地在直升机前面飞速而过。直升机不断地躲避，不断地前行。过了一段时间，电子好像少了些，眼前又是一片昏暗。间或有个把闪光的电子在直升机旁闪过。什么也看不见了，直升机要飞向什么地方呢?

图1-6 小矮人（原子核）

（2）原子城中探秘小矮人

"不要着急，我们有定位装置，直升机可以对准城堡的中心前进。"经过一段时间的飞行，根据定位显示，我们已经很接近中心了，可是依旧什么也看不到。这时，直升机突然剧烈地颠簸了一下。"注意，我们已经到达城堡的中心！这里的主人个子不算大，却很强壮。接下来您可以自由采访他们。"

我向外四处张望，只看到不远处有一个不大的像篮球似的东西。我们慢慢飞近"篮球"。

啊！原来是一个模样非常怪异的人！他长着一个圆圆的大肚子，脑袋小得像芝麻粒似的，胳膊腿儿又细又短。

我走下直升机，客气地向他招呼道："你好！"

"你好！首先声明，我身上带有很强的电，不要随便靠近我。如果你穿的是强力绝缘服，那还是可以和我握握手的。"

"好的！请问，这个城堡里有多少居民？怎么看不到别的人呢？"

"我们这里比较特别，我是这个城堡中唯一的居民。在这里，一个城堡只能居住一个人。"

"你的城堡有多大？你能告诉我你叫什么名字吗？"

"我所在的城堡叫铁原子城堡。我的城堡可大了。打个比方，把我放大到1米，然后把我和我所在的城堡同比例放大，那么我离城墙内边沿的距离就有几千米远。每个城墙的厚度都不一样，像我这个城堡的城墙大概有几十米厚吧。你进来前可能看到了，这里一个个城堡排列得很有秩序。每个城堡都有由飞扬的电子筑起的

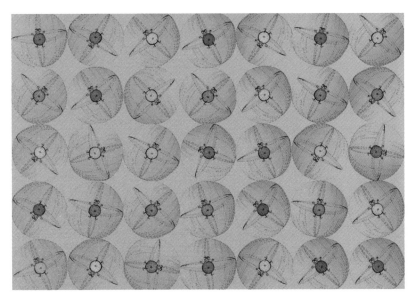

图1-7 铁原子排列

厚厚的城墙，这些城墙还由几层组成。我居住在原子城的核心位置，所以我叫原子核。和城堡相比我太小了，所以你们可以叫我小矮人！"

"直升机刚才是不是碰到你了？你没有受伤吧？"

"我说呢，刚才我的肚子上被什么东西轻轻挠了一下。"

"对不起！我不明白，你这么小的个儿，我们的直升机碰到你的时候怎么会颠簸得那么厉害，差一点就要坠毁了！"

"你别看我个子小，我长得可结实了，体重可不轻！你看城墙那么厚，但是，它的质量大约只是我的四千分之一。如果我长得像你们人类那么大，我的身体质量差不多就是地球质量的三百分之一。"（地球的质量约6亿亿亿千克，密度约5500千克/立方米，铁原子核的密度约280万亿亿亿千克/立方米。）

"嗯，那你的肚子为什么那么大？你是天天都在吃什么好东西吗？"

"我本来肚子就很大，但是我肚子里装的都是实在货。我肚子里有两种类型的小球，大小一样，区别就是一种带正电，一种不带电。带正电的小球叫质子，总共有26个。我身上之所以带电，就是因为有它们。另一种不带电的小球叫中子，总共有30个。虽然中子不带电，但是少了它我就没法活了。"

"谢谢！和你聊天让我长了不少见识。再见！"

我们回到直升机上，继续前进。

(3) 小矮人的兄弟们

穿过一道道飞奔着的电子筑起的城墙，我们离开了这座城堡，来到了另一座城堡。我们穿过电子城墙，经过艰难的搜索，终于找到了城堡的主人。他与我们前面遇上的那个堡主一样，肚子里装有26个质子和30个中子。然后我们又接连拜访了几十个城堡的堡主，他们大多是多胞胎孪生兄弟。

后来，我们又来到一个新的城堡，有了之前寻找堡主的经验，我们很快就找到了堡主。乍一看，他与前面见到的那些小矮人一样；仔细看，又觉得有一点点差别。为了弄清楚具体情况，我下直升机与他攀谈起来。

"对不起，我可以称你为小矮人吗?"

"好哇!"

"刚才我见过另外一些城堡的主人，他们与你长得很像。但我总觉得你们有一点点不一样。你能告诉我我的感觉是否正确吗?"

"你很幸运，见到了我们这些'少数派'。本来在大多数城堡中都居住着相同的小矮人，他们肚子里都装着26个质子和30个中子，就像多胞胎一样。但是我不一样，我的肚子看起来是不是小一点点? 因为我肚子里的中子数目比他们的少2个，共有28个。我算是他们的弟弟吧。我还有个大哥哥，他肚子里的中子数比你

图1-8 小矮人和他的同胞兄弟（同位素）

见到的那些哥哥还多1个。因为我们肚子里的质子数都一样，所以在元素周期表中都在同一个位置，我们是同胞兄弟。"

"你还有别的哥哥吗?"

"有哇，只可惜他们太贪玩，经常变各种戏法，譬如吐出一粒电子，或从城墙上抓一粒电子吃了。这下可玩大了，因为吐出或吃进一个电子，那可就不是我们的兄弟了，变成了别人家的一员。"

"你们共有几种不一样的兄弟呀?"

"让我算一下。我们兄弟当中，肚子里的中子数目最少的也有19个，最多的有47个。我们兄弟一共29种。其中4种兄弟比较文静，其他都很贪玩。肚子里的中子数越多或越少的兄弟，他们的戏法就变得越快。"

这些小矮人真淘气呀!

"谢谢你，让我们了解了这么多。那我们可以去拜访你的其他不一样的兄弟吗?"

"可以，不过我也不知道哪个城堡是他们的，你们得自己一个一个地去找。看你们的运气吧! 不过我要告诉你，我们家族的城堡都大小一样。不要到小城堡和大城堡中去找，他们与我们不是同一个家族!"

"谢谢你的忠告! 再见!"

我们拜别了小矮人堡主人，飞向别的城堡。直升机上又响起那甜蜜的声音。

"刚才堡主人提到了同家兄弟，现在我就仔细讲一下同家兄弟的事。不过在开始介绍之前，我想先介绍一下元素周期表。"

电视屏幕上播出了一张图片，上面画了一个表格，每个方格都写着一个元素的名字和一些数字。

"请看，这张表就是元素周期表。就像是梁山泊好汉排位次一样，每一种元素占一把椅子，代表它在周期表中的位置。它们的

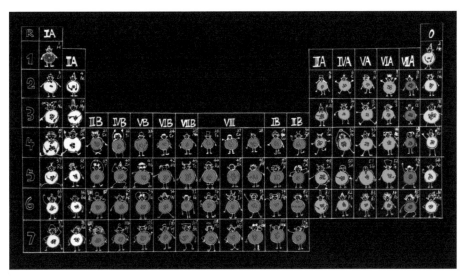

图1-9　小矮人大家族（元素周期表）

质量、性质都写在这
张椅子上。表中每一
行从左到右，元素性
质的变化都比较相
似。比如第二行，左
边第一个是非常活泼
的金属锂，就是用来
做锂电池的锂。锂右
边的邻居是金属铍，
它们都是金属元素，
所以靠在一起；铍的

图1-10　门捷列夫的元素周期表

右边是硼，再右边是碳，它俩在一起，都不是金属元素，名字都
带'石'字旁；碳的右手边依次是氮、氧、氟，它们都是气体，
所以字字都有'气'字头；最右边的一个是非常不活泼的气体
氖，过去把它充到小玻璃管中，加上电极，做成小氖泡指示灯。

现在有更节能的指示灯，就不用氖泡了。其他几行基本保持这样的变化，从金属元素开始，到非金属元素，再到气体元素，最后是一个几乎从不与别人结合的气体元素，我们称它为稀有气体元素。每一行的'变化'为一个周期，所以这个表就叫元素周期表，也就是元素性质周期变化的表。这个表中共有118个元素，比梁山泊108位好汉还多了10位。目前在地壳中可以找到的元素只有90个，其他28个元素都是近七八十年来科学家们在实验中制造出来的。"

稍微停了一下，甜美的声音又继续传来。

"你知道这个表的来源吗？早在1869年，人们就已经发现了63种不同的元素，也知道了它们的质量和性质。俄国的一位化学教授门捷列夫（Dmitri Ivanovich Mendeleev）在经过长时间的苦思冥想后，决定根据这些元素的质量和性质把它们排列在一起。结果他发现，这些元素的性质随着质量增加而反复变化。按照反复出现的现象将它们分组，每组按质量从小到大排成纵队，然后，按照每个纵队中第一个元素的质量从小到大依次从左到右将这些纵队集合在一起，形成一个方阵。这就像学校课间做的广播操，所有班都在操场集合，每个班排成一个纵队。这就是世界上第一个元素周期表。为了纪念这位教授做的贡献，人们又将元素周期表称作门捷列夫元素周期表。后来随着越来越多新元素的发现，这个周期表就变成了现在的样子。"

直升机飞过了一个又一个城堡，它们的堡主不是肚子里装有30个中子的，就是装有28个中子的堡主。那个有点不同的兄弟在哪儿呢？

"不要泄气，我们会找到的。"甜蜜的声音传进了我的耳朵。好吧，继续拜访，我们不达目的绝不罢休。

直升机又进入一个新的城堡，我们好不容易找到了堡主。

"你好！"我远远地就和他打招呼。

📖 知识链接

● **元素周期表**　元素周期表有 7 个周期，16 个族。每一个横行叫作一个周期，每一个纵列叫作一个族（除第Ⅷ族外，该族有 3 列）。这 7 个周期又可分成短周期（1、2、3）、长周期（4、5、6）和不完全周期（7）。16 个族，又分为 7 个主族（ⅠA、ⅡA、ⅢA、ⅣA、ⅤA、ⅥA、ⅦA），7 个副族（ⅠB、ⅡB、ⅢB、ⅣB、ⅤB、ⅥB、ⅦB），1 个第Ⅷ族，1 个零族。

　　元素在周期表中的位置不仅反映了元素的原子结构，也显示了元素性质的递变规律和元素之间的内在联系。其构成的一个完整体系是化学发展的重要里程碑之一。

"你好！我能为你做点什么？"小矮人非常客气。

"我想拜访一下小矮人的兄弟，不是多胞胎孪生的兄弟。"

"那你可找对了，我就是你要找的人。"

"太好了！我已经拜访过几十个小矮人了，不过他们都是孪生兄弟。你可是真难找啊！"我激动得眼泪都要流出来了。

"当然了，我们 100 个兄弟，其中 91 个都是孪生的。我与他们差别很小，不仔细看，你是发现不了的。我来考考你的眼力，看看我和他们有什么不同。"

"好吧，我来试试。"我端详着这位堡主约 2 分钟，才看出来他的肚子有点大。

"你眼力还不错。我的肚子是稍微大了一点点。我肚里除了 26 个质子，还有 31 个中子，比孪生兄弟中最多的那位多了 1 个中子。100 个兄弟当中，我的孪生兄弟大概只有 2 个。所以你很难找到我。不过更难找到的是那个肚子里有 32 个中子的兄弟。在四五百个兄弟当中才能找到一个!"

"真是太难找了!不过没关系,我会尽力找到他们。拜拜!"

直升机离开了城堡,去寻找他们中的那个最难找的兄弟。

"刚才介绍过了元素周期表,现在我来介绍一下同位素。"优美动听的声音又响了起来。"你拜访的每一个堡主,就是一个原子核。每个堡主肚子里都装着质子和中子。这些质子和中子组成了原子核。肚子里的质子数目相同的那些堡主,在周期表中占同一个位置。在这个位置上,那些肚子里的中子数目不同的堡主是亲兄弟,我们叫他们同位兄弟,化学上不叫兄弟,叫'素',也就是最基本的成员,因此,同位兄弟即为同位素。周期表中的118个位置,每个位置上都会有很多兄弟,就是很多同位素。现在有人仔细数了数所有非孪生同位兄弟,总共有3473个。就拿之前你拜访过的铁元素说吧,它在元素周期表中排在第26位,现在这个位置上,已经有了29位中子数目不同的兄弟。"

同位素可真不少啊!

她稍微停顿了一下,又接着说:"现在,按照每个同位素兄弟的质子数目和中子数目画张图,竖线代表质子数目,横线表示中子数目。将所有不同的同位素都按照他们的质子数目和中子数目,填到这张图中。"

这时候,我的眼前出现了一个蓝色屏幕。

"请看大屏幕上的图。这些同位素聚在一起,从左下方到右上方,形成了一条狭长的带子,微微有点下弯。这就是同位素的国土。一种同位素也就是一种原子核,或者叫核素。所以,研究原子核的人叫它核素图。蓝色的背景像海洋,同位素或者核素的国土是大陆。在它的右上方显得稀稀拉拉,好像是群岛一样的,那里的同位素(核素)的质子数目和中子数目都特别多,当然那些堡主也就特别胖,像是超重的大胖子,也叫超重核素。"

"为什么这些核素只在这一条狭长的带子上,不像地球上的陆

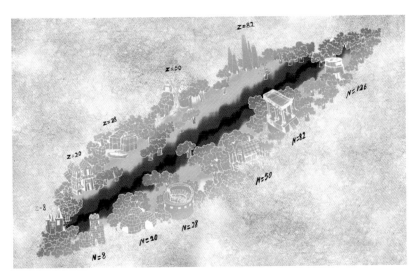

图1-11　小矮人的世界版图（核素图）

地那样分成几个洲呢？"我好奇地提出了一个问题。

"这个问题有点复杂！先说说肚子里的质子和中子吧。它们每两个之间都有一股力。这股力比较奇怪，当它们互相靠近的时候，也就是把肚子稍微压小时，它们都想将对方推开，压得越厉害，它们的推力也就越大。但是真要把它们分开的话，它们又像是用什么胶水粘在一起一样，不愿分开，还得用很大很大的力才能把它们拉开。它们相距得越远，用于把它们拉开的力就会越小。另外，质子和中子之间的黏合力要比质子和质子之间、中子和中子之间的黏合力大得多。"

"那它们之间的力与同位素又有什么关系呢？"我不解地问了一句。

"关系可大了！同数目的质子和中子会更稳定地聚集在一起，所以，在比较轻的稳定原子核中，质子和中子的数目都大致相等。但是，由于质子与中子之间的拉力大一些，也就是说同样数目的质子可以拉住更多的中子。这就形成了不同的同位素。当然，中子的数目不能太多，否则就拉不住了。质子带有电荷，质子之间有电排斥力，所以，中子数目太少时，质子也不可能待在一起。这就限制了同位素的数目，使其不可能很多。"

在甜美的讲解声中，我们经过几百次的努力，最后终于访问到了那个孪生兄弟最少的铁元素堡主——他肚子里有32个中子。

（4）不期而遇的小朋友

结束了在这座无边无际的大山中的旅游后，直升机又回到了另一座大山和各色城堡组成的世界。飞呀飞呀，我们眼前的景色不断地变换，令人目不暇接。

突然，前面出现了一座高山，山顶直插云霄，就像挡住了直升机的去路一样。那就再来一次探险吧！直升机径直飞向了它，进入了它的内部。在强光的照射下，我看到一片杂乱无章的景象：城堡大大小小，且东一片西一片的。

"这是什么鬼地方？又该拜访哪一个呢？"我希望能有个人作指导。

"这里是树木世界，它的城堡种类可多了。最主要的城堡是碳城堡、氧城堡和氢城堡。城墙最薄的城堡是氢城堡，碳城堡与氧城堡差不多大小，但是都比氢城堡大一些。我们就先访问碳城堡吧！"

在甜美的声音的建议下，我们来到了一个较大的城堡。有了前面访问的经验，我们很快就找到了堡主。

"你好！请问你的尊姓大名是什么？"

"你太客气啦！我叫碳矮人。"

"你能告诉我你们家族兄弟的情况吗？"

"好哇！我有两种亲兄弟，他们都有6个质子。其中一个有6个中子，他的孪生兄弟最多，100个当中有99个都是他的孪生兄弟。另外一种兄弟有7个中子。除了两种亲兄弟外，我还有一种外来的兄弟，他肚子里有8个中子。他比较惹人厌，不安生。既然来到了我们家族，就老老实实地待着吧。可他不，不知什么时候就跑到别人家去了。"堡主说到他的这种兄弟时，好像很不高兴。

"那是怎么回事呢？"我不解地问道。

"说来话就长了。他原来是氮家族的成员。嘴比较馋，偷吃中子，可吃了1个中子后就闹肚子，结果还吐出了1个质子。然后就成了我们家族的一员。"

"那他怎么又跑到别人家去呢？"

"他会吐电子！也就是有1个中子变成了质子，还是回到了氮家一族。"

"我能访问他吗？"

"他们数量太少了，你很难找到的！"

"我想碰碰运气，找找你们家族的这个外来户。"

"好吧，希望你能成功！"

告别了碳堡主，我就踏上了寻找那个比较调皮的碳堡主的征途。

我们不停地飞行，不停地访问。果然就像第一个碳堡主告诉我们的那样，这个访问对象太难找了。

我想，最后再访问一个城堡，如果找不到的话，就打道回府。

我们很顺利地找到了一个碳城堡，并很快找到了这个城堡的主人。还没有说上话，就听到一声清脆的响声，接着一粒电子打到了直升机上。我很纳闷，这里怎么会有电子呢？

"不好意思，让你见笑了。"堡主抱歉道。

"你好！请问刚才发生了什么事情？"

"刚才我打了个喷嚏，喷出了一粒电子。"

"这里非常清洁，没有一个电子，你怎么会吸入电子呢？"

"不，不！不是我吸进了电子，这只是我自身变化的一个过程。你来得真巧，你来之前，我还是碳堡主，现在，我已经是氮堡主了！"

"你怎么一下子就变了身份呢?"

"我们和别的兄弟不一样,我们肚子里装着6个质子,但是中子有8个。也许是中子太多的缘故,只是稍微感到不舒服,但还可以忍受。在经过很长很长的一段时间,大概是8000年,就会打个喷嚏什么的,吐出一粒电子。吐出来后,我就非常舒服。"

"啊!我找你找得好苦啊!虽然你已经不是肚子里有6个质子的碳堡主了。"太高兴了,我居然见证了原子核的变化!"你能讲一下你的故事吗?"

"好啊!我本来就是氮家族的一员,肚子里有7个质子和7个中子。宇宙空间有各种各样的粒子,这些粒子通过地球的大气层时,会引发各种反应。这中间也会产生中子,就是我肚子里的那种中子。氮家族中,和我一样的兄弟都对外界非常好奇,比如会将空气中的中子吞到肚子里,结果使得体温升高。如体温高得受不了了,就会吐出1个质子,变成碳家族的一员——就是你看到的之前的我,肚子里有6个质子和8个中子,叫碳14。"堡主稍微停顿了一下,接着说:"当我成为碳家族的成员后,也就有机会抓住2个氧家族的兄弟,抱团在空气中飘荡。飘啊飘,不知什么时候就住进这里了。本来我们同胞兄弟的平均寿命大约是8266年,也就是说经过5730年会有一半的兄弟变成氮家族的成员,但也不知道是哪一个在什么时候会发生变化。刚好,你来时我就变成现在的样子了,可能是缘分吧!我现在又成了氮家族的成员,如果不出变故,我将永远是氮家族中肚子里有7个质子和7个中子的一员,叫氮14。顺便说一下,我们家族中,极少数人肚子里会有8个中子,大概300个兄弟当中只有1个。"

"真是一个传奇!太谢谢你了!希望你永远是氮家族的一员。"

离开这位重新回到氮家族的堡主,我就踏上了回程。

"原子核到底有多少种变化方式呢?能否麻烦详细介绍一下?"

"好的!"甜美的声音在我的耳旁响起。"刚才你目睹了碳14堡主变为氮14堡主的那一瞬间，你真幸运。原子核有很多种变化方式，在物理课本中通常称为原子核的衰变。刚才的变化，或者叫衰变，是放出一个电子的衰变，称为贝塔衰变，一般用希腊字母'β'表示。因为他放出的电子是带负电的，所以在β的右肩膀上加一个减号'－'代表负电，加起来就是'β⁻'。不管是哪个堡主，碳、氮、氧也好，金、银、铜、铁也好，或者是元素周期表中其他元素的堡主也好，只要堡主

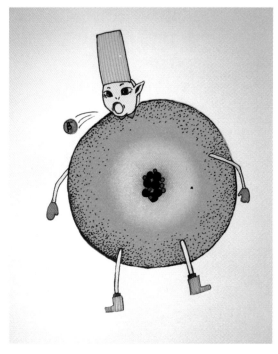

图1-12　小矮人变身——原子核衰变

肚子里的中子过多，他就会吐出1个带负电的电子和1个几乎看不见的奇怪小点点（都称它为中微子），就是有1个中子变成了质子。同时，这个堡主就变成多1个质子的家族成员，他在周期表中的位置会后退一步。如果一个堡主的质子太多，他就会吐出一粒带正电的电子和一个小点点，同时有1个质子变成中子，这个堡主在周期表中的位置就前进一步。与上面的变化类似，这种变化叫β⁺衰变。还有一种可能是质子太多的堡主会从城堡的'墙'上抓一粒电子吃掉，使肚子里的1个质子变成中子，同时吐出一个小点点。"

这时，我的眼前出现了那张核素图，就是各种不同的堡主集合在一起的版图。图中有一条弯弯曲曲的黑线，黑线的左边是一片橙色和黄色，黑线的右边是一片浅蓝色。

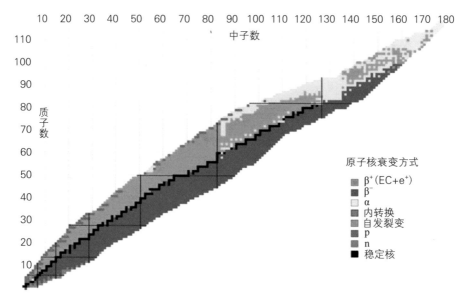

图1-13 核素图

"请看这张核素图，中间的黑色连线表示这些堡主是安生的，基本都不会变化。黑色连线的右边浅蓝色区域的堡主，或早或晚都会发生'β⁻'衰变。黑色连线左边的橙色区域的堡主或早或晚都会发生'β⁺'衰变。"

"为什么叫贝塔衰变呢？"

"这还要从另外一种衰变方式，即'α'衰变说起。早在100多年前，著名科学家贝克勒尔（Antoine Henri Becquerel）为了进一步研究伦琴发现的X射线，就将一种含有铀的矿石材料与感光片（照相用的底片）放在一起，再用黑纸严严实实地包起来，放在阳光下，让材料吸收阳光后看能否发出X射线。由于接连几天都是阴天，没能完成预想的实验。但他把感光片显影后，惊奇地发现感光片上有很多非常清楚的亮斑。他又把这些材料放在两块磁铁中间，发现它所发出的射线会向一侧偏转。不同材料发出的射线有些会偏向不同的方向，它们肯定是带电的。还有不偏转的，肯定是不带电的。他就把两种有不同偏转方向的射线分别称为α射线和β射线，把不偏转的称为γ射线。后来又有一位有名的科学家卢瑟福（Ernest Rutherford），他辨认出α粒子就是氦原子核。这也说明，还有一种衰变方式，就是原有的堡主会将自己肚子里的2个质子和2个中子一起吐出来，不仅自己变成比他的原家族少2个质子的那个家族中的一员，而且还生出了一个小宝贝，即氦堡主。这些堡主都集中在图中黑线的左边靠上的黄色区域。"

真是歪打正着，不经意间发现了新的玩意儿。

"在两块磁铁中间不偏转的γ射线又是怎么来的呢？"

"非常安稳的氦堡主都是脚踏实地的，即使左右晃动，也是一步一个脚印。但是有的堡主就不一样了，他如果受到一点刺激，或者贪吃，就会跳起胡旋舞来，转个不停。只有把多余的那份能量释放出来，才会停下来，或是转得慢一些。这时，他放出的那份能量就是像光波一样的γ射线，不过要比普通光强得多。"

"还有哪些衰变形式呢？"

"那就有很多了！非常重的原子核，例如铀原子核，这个堡主可真是大腹便便，肚子里有92个质子、146个中子。他还有一种兄弟，肚子稍微小一些，有143个中子。不要小看这种小兄弟，他可会变身了。不仅像他的哥哥一样能够吐出1个α粒子，有时候还会一分为二，变成两个跑得非常快的小矮人和几个中子。这种不需要外力，自己就能一分为二的变化叫自发裂变。当然在外力的作用下就更容易发生裂变。就拿这个肚子里有143个中子的铀堡主来说吧，他很贪吃，但是他吃进1个中子，就立刻一分为二，同时还要吐出两三个中子。"

"请慢一点！这不就是核电站用的燃料吗？"

"对，肚子里有143个中子的堡主就是核电站所使用的燃料。不过，核电站要把几十亿亿亿个这样的堡主集合起来，放在一个放了很多石墨堡主和管子的大炉子里，让他们在很短的时间里发生裂变。那些跑得非常快的小矮人就会与其他堡主撞来撞去，然后停下来吐出中子，吐出的中子也会与石墨堡主碰来碰去变得越来越慢，好让别的吃货吃掉。这样一来，石墨堡主就会发高烧，体温高达几百摄氏度，管子中的水就是给石墨堡主降温的。由于他的体温太高，水会变成几百摄氏度的蒸汽，人们正好利用这些蒸汽发电。"

"原来核电站是这么运作的！"

"说得太远了，还是说说其他衰变方式吧。那些最左边的一些堡主在吐出一粒带正电的电子后，肚子还是不舒服，就会接着再吐出1个质子（β$^+$延迟发射质子衰变）；或者就直接吐出1个质子（质子发射）。个别堡主的质子实在太多，肚子特别不舒服，就会直接吐出两个质子。这三种衰变方式只会发生在最左边的区域。在最右边区域的堡主都有很多中子，也是不舒服的。他们也像最左边的堡主一样，有的先吐出一粒带负电的电子，接着再吐出1个中子（β$^-$延迟发射中子衰变），或者直接吐出1个中子（中子发射）。"

这些堡主的花样还真不少呢！

"还有呢！刚才说了，有的重核堡主会一分为二，分成两个新堡主。有的堡主会先吐出一粒带负电的电子，然后再一分为二，这叫β$^-$延迟裂变。有的重核堡主不仅会生出一个小的α堡主，还会生出比较大一点的堡主，比如碳14堡主（6个质子，8个中子）、氧20堡主（8个质子，12个中子）、氖24堡主（10个质子，14个中子）、镁30堡主（12个质子，18个中子）。因为妈妈肚子里的中子很多，所以新生儿也通过遗传得到了很多的中子。当生出了新的堡主，自己不仅瘦身了，而且因肚子里的质子数目减少，自己在元素周期表中的位置也会下降。不过这些都是非常罕见的，只有在先进的专门研究原子核的实验室中，用特殊的仪器才能观察到。"

这些堡主太神奇了！看来我还得好好学习，不断增加自己的知识。这次旅行到此结束，希望下次还有机会故地重游！

② 小矮人的碰撞比赛

（1）小矮人能与目标堡主撞上吗

从训练基地出来的小矮人部队实在是飞得太快了。为了让我能够更加清楚地看到他们之间的碰撞表演，直升机只能用超高速摄影机预先将他们的对撞过程拍摄下来，然后以超慢镜头的方式进行回放。

小矮人部队一路飞奔，好像进入了无人之境。由于速度实在太快，他们来不及左顾右盼，只能一个劲地向前冲。小矮人想要一下就撞上目标堡主，实在太难了。

让我们来算一算，看看一个只能直飞的小矮人有多大的把握能与目标堡主直接相撞。如果靶子是一个直径为20米的圆盘，靶

图1-14　小矮人撞击原子城堡

心直径只有2毫米，10环是以靶心为中心、半径为1米的一个圆圈，9环的半径是2米。以此类推，1环的半径为10米。一个人在千米之外不用瞄准镜打靶，那么子弹打到靶子上每一个点的机会都相等。打到1环的机会就是1环所在的圆环面积与整个靶面积之比，即19％。以此类推，打到10环的机会为1％。要想打到中心点，那么他的机会只有1亿分之一，即打出1亿颗子弹，才能有1颗准确地打到直径为2毫米的圆点的中心上。一个小矮人撞上靶城堡中1个小矮人的机会大概也就是一亿分之一。当然，小矮人会在靶中穿行很长一段路程。譬如，他能穿过10000个任意排布的城堡，那么途中可能与堡主撞上的机会就会增加10000倍。况且，小矮人部队中有很多很多的战士，当部队穿过城堡时，总会有许多碰撞发生。碰撞时是手碰手了，还是身子碰身子了，还是正撞个满怀，那就更有意思了。因为不同的碰撞，会有不同情况发生。让我们看看都会发生什么事情！

（2）初次相遇

小矮人部队里的每个小矮人身上都带着强大的正电荷，堡主也一样有正电荷保护自己。当小矮人战士以闪电般的速度靠近堡主时，堡主用自己的正电荷建起的一个特殊的金钟罩，将自己裹得严严实实，不让一般的小矮人靠近。但是，如果来者实在太快，这个金钟罩也无济于事。当小矮人战士离金钟罩还比较远时，就会感到一股无形的力量袭来，他只好绕开了。又来了一个小矮人战士，刚好与金钟罩擦了个边，有股强大的力量把他一下推了出去。观察了好长一段时间，我发现距离堡主越近，小矮人就被弹开得越远。这时，奇怪的现象发生了，有一个小战士明明撞到了堡主，却没有被弹出去。他绕着堡主跑了一下，又跑开了。

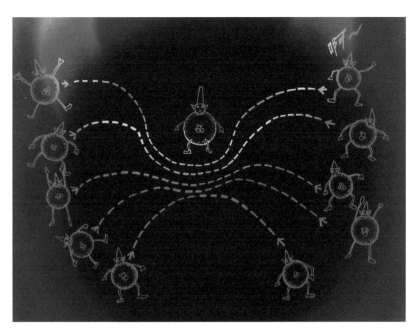

图1-15　距离产生美（神奇的核力）

　　我仔细地想了想，好像明白了其中的道理。小战士身上穿着带正电的铠甲，堡主身上有带正电的金钟罩。同种电荷相排斥，两者越近排斥力就越大。假设距离为10时，排斥力为1；那么距离为5时，排斥力则为4；距离为1时，排斥力则上升到100。但是，小矮人与小矮人之间还有另外一股力，就是像磁铁相反两极之间那样的吸引力。这些引力来自于小矮人肚子里的小球，不过，这种引力比较奇怪，只有在比较近的距离内才明显发挥作用，而且随着距离的减小，这种引力增加得非常快。如果两个小矮人的距离稍远一点就没有什么作用了。因此，当小矮人战士离开堡主比较远时，堡主就毫不留情地将小战士推开。如果两者距离较近时，堡主就会羞羞答答地对他又推又拉，但是又没有那么大的劲把他拉住，所以才会有小矮人战士绕着堡主转的怪事发生。

　　还有一种情况，要是小矮人战士与堡主手牵手，小战士就会

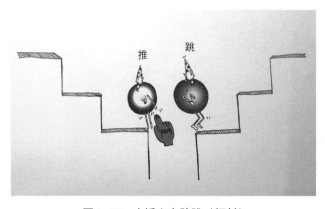

图1-16 小矮人台阶跳（辐射）

慢下来，堡主会因为被它牵着而往前进一步。就这一步，要么是堡主往上跳一个台阶或几个台阶，要么是小矮人战士被推上一个或几个台阶，再或者是两个人都跳上各自的一两个台阶。

一会儿，两人都会自动跳下来，同时发出一些看不见的光线——γ射线。

初次相遇，小战士与堡主比较害羞，他们不好意思交谈，就开始交换礼物。他们既不互赠鲜花，也不互赠戒指，而是用更贵重的礼物——掏心掏肺地用肚子里的中子或质子进行交换。这一交换就麻烦了，小战士和堡主都会变得面目全非。原来的小矮人战士变成了新的过客，原来的堡主也变成了新人。同时，两人都可能跳到了较高的台阶上，不过待不了多久，就会因为γ射线的发射，自动退下来，脚踏实地地过自己的小日子。

（3）初次交锋

氩矮人战士带着18个质子和18个中子像一枚超级火箭一样，直射向目标靶铍城堡的8环。铍堡主只有4个质子和5个中子，比起来者小多了。看见氩矮人战士冲过来，铍堡主老远就开始向后退，但终归还是没有氩矮人战士跑得快。只听到"嘭"的一声，他们撞上了。

氩矮人战士与铍堡主相撞，就跟子弹打中石头一样。石头会被打掉一块，子弹本身也会被擦掉一点。

图1-17 原子城堡堡主之间的战争（嬗变）

> ### 📖 知识链接
>
> **速度** 把人造卫星送到太空,让它围绕地球转,承载卫星的火箭的速度需要达到7.9千米/秒;如果要让卫星离开地球,围绕太阳转,它的速度得是11.2千米/秒;如果要脱离银河系,速度需达到120千米/秒。光的速度是300000千米/秒。小战士的速度大约在35000千米/秒到290000千米/秒之间,这比一般火箭的速度快太多了。

他们撞在8环位置,恐怕两者都会受到损伤! 一眨眼的工夫,就看见氩矮人战士面目一新,变成了一个新的战士,继续向前冲。在他身后还有几个中子、质子和其他什么东西四散开来。可能是在撞上的那一瞬间,他,或是堡主,受不了重重的挤压吐出

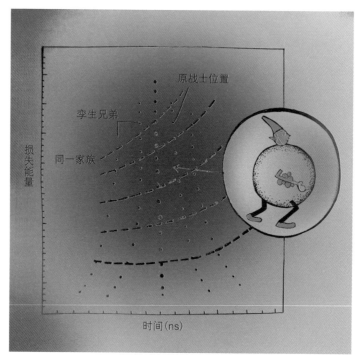

图1-18   各就各位，按家族就座

来的。再看堡主，被撞得晕头转向，一边向后快速倒退，一边不停地转圈，好不容易才停了下来。仔细一看，啊，他也不是原来的堡主了，完全是另外一个新的堡主。

新战士到底是谁呢？我们需要通过他肚子里的质子和中子的数量来确定。但是他跑得太快了，要弄清他的面目，还得用更精确的计时器，它的刻度可精确到一千亿分之一秒。原来的小矮人战士用35000千米/秒的速度跑过2米，需要用时57.1纳秒（1纳秒等于十亿分之一秒）。除了用计时器计算时间外，还要测量新战士穿过一定厚度的物质后，速度减慢了多少，也就是说在这种特定物质中损失了多少能量。损失能量的多少与他的速度以及质子数与质子和中子的总和之比都有关系。用不太厚的硅片做的探测器就可以完成这件事。

　　把许许多多新战士按照他们的能量损失与跑过相同路程所需的时间，集合在操场上，你就会看到一群小矮人战士站在那里，排列得非常有规律。站在一起的都是孪生兄弟，不同的孪生兄弟之间保持一定的距离，用一条虚线连起来的是一个家族。操场上孪生兄弟最多的还是原来的战士，他们虽然也参加了小矮人碰撞，但是没有任何机会与靶堡主相遇，成了过客，所以没有一点儿变化。他们左边的那堆孪生兄弟是在对撞中被挤出了1个中子。他们右边的那堆孪生兄弟比较幸运，在对撞中抢到了堡主的1个中子。氩家族下面的是氯家族，再下面是磷家族……从操场上你可以看到氩矮人在与铍堡主的对撞中会出现很多其他家族的兄弟。用对撞方法已经产生许许多多的不同家族的新成员。虽然这些新成员的寿命都不是很长，有的还特别短，只是昙花一现，但是科学家通过各种渠道还是知道了他们的寿命和其他特征。无论如何，这种对撞方法在开拓核素图的疆土中确实立下了汗马功劳。

（4）亲密的拥抱

　　一个小矮人战士跑得不是特别快，与堡主正好撞了个满怀。这一撞，两个小矮人就紧紧地拥抱在一起，跃上一个高坡，跳起了交际舞，一边旋转，一边交谈，再也舍不得分开了。经过一小会儿的秘密协商，他们决定合二为一，变成一个身材更加魁梧的矮人，体温也跟着大大地升高。体温升高，还要不停地旋转，小矮人的身体怎么能受得了呢？如果再不降温，不停止转动，小矮人就要晕倒了。怎么办呢？还是先减轻一

图1-19　亲密的拥抱（非弹性碰撞）

下肚子的负担吧。身材魁梧的小矮人先是吐出几个中子，又吐出一两个质子，后来又生了一个小氦公主。当然，他一边吐，一边还发出γ射线，同时从高坡上一步一步地跳下来。每跳一步，就闪一下我们肉眼看不见的光。最终，身材魁梧的矮人变成了一个非常漂亮的新矮人。但是自己是怎么来的，他全都不记得了。

在另外几场亲密拥抱中，有一对小矮人可能是离得稍微远了一点，他俩只是牵了一下手，就很不情愿地分开了。还有一对，他们不仅亲吻，还交换了信物——质子和中子，结果两个人都变了模样，变成了一对新的小矮人，然后又恋恋不舍地分开了。

(5) 激烈战斗

一个小小的小矮人战士，用与光速差不多的速度向前冲。谁见了都有点害怕。有一个堡主中了招，一下子就被这个小战士击中。尽管这个堡主比战士胖多了，他还是挡不住冲击，小战士一下就钻到了堡主肚子里。小战士像孙悟空一样，把堡主的肚子闹

图1-20 小矮人与原子城堡堡主的激烈战斗

得个天翻地覆。不管堡主如何叫喊求饶，小战士还是一个劲地在折腾。堡主不得不向外吐中子和质子，还有其他小堡主。只要能让自己肚子舒服，不管是什么他都向外吐。他越吐越多，结果肚子越来越瘪。最后，堡主总算是安定下来了，他看看四周，许许多多的质子、中子和新的大小堡主都四散开了，自己也变成一个瘦小的新堡主。自己原来是什么样子，他完全记不得了。

（6）贪吃的胖子与中子的较量

一个中子在黑胖子——铀城堡中间悠闲地逛来逛去，城堡的城墙对它们来说形同虚设，电子碰到它也被弹得远远的。一不小心它碰到了堡主，就像一个玻璃球飞快地打到了一块大石头上，被弹得老远。铀堡主可是一个非常贪吃的小矮人，虽然说肚子已经胀得快要破了，还是像好多天没有吃饭一样，总想吃点什么，特别是中子，就像是他的美味佳肴。当中子撞到他身上时，他张开嘴就要吃。怪他自己的肚子太大，行动太不方便，等到正要吃时，中子早就跑出去好远了。看来只有中子撞到他嘴上，他才能吃到。

好不容易等到一个机会，中子一下子撞到他的下巴，他低了一下头，张口就将中子吞了下去，然后得意地咂了一下嘴，露出了满意的笑容。渐渐地，得意的微笑变成了苦笑。原来肚子上长出了一个包，还在不停地变大，把肚子拉成了一个长长的南瓜。然后，肚子又变成了一个哑铃形状，哑铃中间的脖子部分还在慢慢地变细，哑铃的另一部分也长出了头和四肢，成了另外一个小矮人。看来是不可挽回了，脖子部分变得越来越细，像是脐带一样将两个矮人连在一起。"嘭"的一声，"脐带"断裂了，两个小矮人飞快地向相反方向跑去，生怕再被拉回一起似的。旁边还有两三个中子也都飞奔而去。就是这两个小矮人，每个人都有很大的能量，加起来大概有200兆电子伏（MeV）。这两个小矮人被拦下后，这些能量就变成了热量。

图1-21 超级胖子变身——裂变反应

（200MeV＝7.66×10⁻¹²Cal（卡），1克的水温度升高1摄氏度，需要1卡的热量。）

这就是原子核吸收了慢中子（热中子）后发生的裂变现象。核电站就是利用接二连三的裂变过程产生的热来发电的。

如果把足够多的能够吞噬热中子而后发生裂变的堡主聚集在一起，其中有些是不吃热中子也可自己一分为二的，这样就会发生爆炸，如原子弹。原来小矮人之间的碰撞这么复杂多变啊！

③ 别开生面的表演

不知旅行了多久，我们从直升机上下来，变回了原来的大小。我慕名来到研究所的一个特殊的演播大厅，没有宽大的屏幕，也没有令人激动的音乐，更没有熙熙攘攘的观众。只有一排排的仪器和设备，许许多多黑色和红色导线整齐有序连接着各种仪器。几个穿着普通的年轻教师和一个上了岁数的教师在一起忙碌着，计算机屏幕上的图形在不断地变化着。那个上了岁数的教师手里拿着一把小巧精致的螺丝刀，一会儿在这个仪器上小心地调节几下，然后看看计算机屏幕上的图形，一会儿又在另一个仪器上调节几下，再看看计算机屏幕上的图形。几次之后，似乎得到了比较满意的结果，这才停了下来。我见机走上前去，不好意思地问道：

"请问老师，你们在研究什么呢？"

"我们在研究原子城堡堡主的形状呢！"他非常耐心而又简洁

地回答道。

"原子城堡堡主不就像是一个很小很小的小球吗？难道他还会有不同的形状？"我感到非常惊奇。

"不，他们中只有一小部分是圆的，大部分都不是，而且有好多种形状。现在我把他们的大致形状在计算机上给你展示一下。"

"太好了！"

老师把我领到一台计算机旁坐下，把计算机上的图关掉后，又轻轻地敲了几下键盘，屏幕上突然就跳出一个肚子圆圆的小堡主。老师指着他给我说："只有那些肚子里的质子数目和中子数目都是魔幻数或者离魔幻数很近的堡主，才真正有圆圆的肚子。魔幻数目前已经确认的有2、8、20、28、50、82、126。比如说铅－208堡主，他肚子里有82个质子和126个中子，这两个数字都是魔幻数，所以他的肚子才像一个圆溜溜的大西瓜。"

说着，老师又敲了一下键盘，屏幕上跳出了一个堡主，他的肚子比较长，像一个哈密瓜，他还在不停地翻筋斗，好像京剧武打戏中的表演一样！

"你看这个堡主，他的肚子就长了些。现在你可以看到他在不停地转动。其实，前面那个圆肚子的堡主也在不停地转动。"

老师又在屏幕上显示出一个大南瓜，并用手比划着说："有的堡主横向发展，把自己的肚子长成了一个大南瓜，他也会翻筋斗，有时还翻得非常快！"

"啊！这不是一根香蕉吗！"我不由地惊叫起来。

"是啊，某些堡主转得非常快时，他的肚子就会变得长长的，像香蕉一样！这是在20多年前发现的一种形状。"

屏幕闪了一下，跳出一个新堡主，样子比较怪，肚子不停地起伏着，像做深呼吸一样，一会下面大上面小，一会又是上面大下面小，真酷啊！

"这种形状的堡主没有一个是真正稳定的形状，生下来就这样

图1-22 小矮人的几种主要"长相"

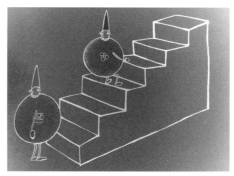

图1-23 小矮人的能量梯

不停地做着深呼吸。"

"还有别的形状吗?"

"多着呢,快看!"老师一边说一边又敲了一下键盘。

屏幕上马上呈现了一个像猕猴桃一样的东西,它还在不停地变化着,一会变成南瓜形,一会又回到猕猴桃形。过了一会,猕猴桃不变南瓜了,又横着转起来,转得还很快!啊!又变了,它一边转,还一边晃动着!

"各个堡主不但有不同的形状,他们还都在不停地运动着呢!"

"这些不同的形状和变化是如何知道的呢?"我不解地问道。

"说来话长。简单地说,不同的形状和运动,代表他们有不同的能量带,就像是不同的能量梯子一样。猛地一下,将堡主推到不同的梯子的上方,他们会一步一步向下走,每下一步,就会发射一束γ射线。可以根据测量这些γ射线能量的变化,推断他们的形状和运动状态。要将堡主一下推到不同的梯子上,就要想不同的办法,不过都是通过不同小矮人部队与不同的堡主碰撞完成的。我们现在就是在测量这些γ射线的能量。"

"这太奇妙了,我要好好学习这方面的知识。谢谢老师精彩的讲解!"

参观结束后,那些动画还不停地在我脑子里闪现着。

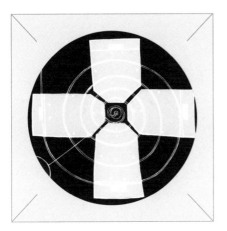

第二章

小矮人部队的
训练基地

为训练出一支能战斗的小矮人部队，科学家建立了各种各样的训练基地，有大有小。训练基地的内部到底是什么样的呢？

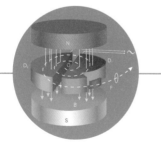

驱使小矮人快速跑动的加速器

❶　为什么要建立小矮人部队

打击敌人是战斗，抢险、救灾也是战斗，攻坚克难搞创新也同样是战斗。在小矮人的世界里，有许许多多的艰难险阻需要攻克。比如小矮人世界的疆土到底有多大，他们从何而来，超重胖子有多胖；也有许许多多的"敌人"需要去战胜，比如当癌细胞侵蚀人们的肌体，小矮人部队如何去增援；还有许许多多的创新事业，比如如何使花朵变得更美丽，使农作物更丰产；等等。这些都需要小矮人部队去战斗，去完成。

❷　如何建立小矮人部队

建立一支能够战斗的部队不是轻而易举的事。首先要挑选合格的战士，并经过长期的严格训练才能完成。这些都要在训练基地进行。那么小矮人部队的训练基地是什么样的呢？

听说小矮人部队训练基地分好多种，根据不同的战斗任务，建造不同的训练基地，从而训练出不同的战斗部队。每个训练基地都有兵员的征集挑选部、运兵通道、速度训练部、战斗目标等部门。大部分训练基地都只有一个速度训练部，少数大的训练基地有两个相连的速度训练部。速度训练就是为了使部队的速度更快，作战能力更强。这些训练基地的场地里要尽量将别的堡主赶走，最多只剩下十万亿分之一。这叫超高真空环境。

3   简陋的小矮人部队训练基地

图2-1   高压倍加器

图2-2   电弧光

好吧！让我们带你去参观一下。首先，让我们乘上一架特殊材料制成的直升机飞向一个叫倍加器的小矮人训练基地。

直升机悬停在了一个庞然大物前，有很多高高的大柱子，柱子之间相互连接。这是最早使用的小矮人部队训练基地。这些大柱子是绝缘柱，它上面的电压一级比一级高。可以用不同的方法使电压从低升到高，一种是倍加的方法，另一种是用变压器的方法，另外还有用放电的方法。小矮人兵员征集挑选部就位于最上面一层。他们的任务就是将堡主们激活，让他们快速运动起来，然后将堡主外围城墙上的电子轰掉一些，帮他们减轻负担，这样堡主就带上了正电。轰掉电子的方法有很多种，这里用的是比较简单的一种，就是拿两个金属棒，将它们与强大电源的正负极相连，然后互相靠近，同时，将小矮人城堡放置在它们中间，这样它们之间就会出现电弧光，借此轰掉小矮人堡主城墙上的电子。有的还在放电区的周围加上磁场，把那些被轰击掉的电子囚禁起来，促使它们再去轰掉堡主城墙上的其他电子。通过这些手段，就可以征集到非常多带正电荷的兵员。这些兵员都位于非常高的电位，好像在高山上一样，通过运兵通道不断地向山下涌去，越跑越快，一直冲向目标。

　　这样的训练基地在早期大多用来训练瘦小的小矮人部队，比如氢、氘小矮人部队。这些堡主的城墙上只有一个电子，被轰掉后，堡主就非常轻松，也都带一个正电荷，从山上跑到山下时，速度也都相同。从这种训练基地出来的小矮人战士，跑得都不会非常快，最多也就是光速的二十分之一左右，也就是每秒跑1万多千米。

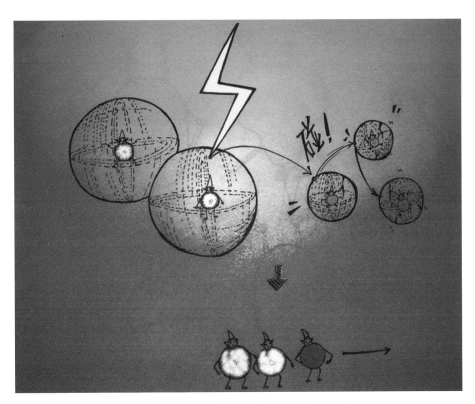

图2-3　小矮人部队训练场

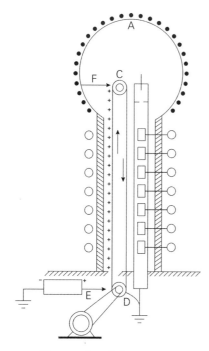

图2-4　高压倍加器原理图

直升机又飞到另外一个小的训练基地。直升机钻进了一个粗大的、充满了高压绝缘气体的圆钢筒内。只见一根长着圆溜溜金属大脑袋的空心长柱子立在那里，柱子上均匀地镶嵌着一个个明亮的金属环，这些环与外面的一串红色棒子（电阻）一一相连，旁边还挂有一个宽宽的传送带子。这根传送带就是输电梯，它不断地将电子从底下传到大脑袋上，使大脑袋上的电压达到几百万伏，再将这个电压通过下面一串红色棒子均匀地分到下面长柱子上的金属环上，长柱子就成为小矮人部队的训练场地。兵员征集挑选部就在长柱子上面。当然，士兵们都是带正电的。

这么高的电压用一次岂不是太浪费？是不是可以把这个电压再用一次呢？好主意！于是就在大脑袋的上面再接上一段同样的一根空心长柱子，柱子上端接地。两根柱子之间加上一片很薄的金属膜。这样就形成了"山包"式的（地—正高压—地）的训练场所。兵员征集挑选部放在钢筒外的"地面"上，然后通过运兵通道将兵员送出去。如何在这里进行训练呢？首先，必须给挑选出来的战士增加负担，多带一个电子，这样，当他们从外面进来时，会被吸到"山顶上"，然后顺势而下，很快穿过两根长柱子中间的薄膜，卸掉城堡上的一些电子，带上正电，再冲下山包，进一步提高自己的速度。这种两段柱子接在一起的训练基地有一个专门的名字，叫"串列加速器"。从这里出来的部队速度可以达到每秒3万千米左右，比火箭跑得快多了。这样的加速器是可以立起来的，不过太高了不方便，所以一般都把它横躺在地上。

你是不是也想出了别的方法，来充分利用宝贵的高压，对小矮人部队进行更有效的训练呢？

4   胖小矮人部队训练基地

从钢筒中出来，我们径直飞到一个大厅，这个大厅的四周都是一米多厚的水泥墙壁，中间矗立着一个高大的四方形铁框，它上下两边各伸出一个很厚的圆形极头。两个极头中间夹着一个同样大小的不锈钢盒子。这就是小矮人训练场必不可少的设备——磁铁系统。旁边还有一个非常粗、装有很多水管的不锈钢筒横躺在那儿，拖着一根长长的大尾巴，它叫共振腔。它与大铁框的上方那两根从远处来的黄色管子配合，负责将高频电力送入训练场地。两个粗大的真空机像两个保镖立在两旁，紧紧地拉着不锈钢

图2-5   兰州重离子研究装置——扇聚焦回旋加速器（SFC）

盒子，生怕被别人抢走似的，它的任务就是负责清理训练场地。大铁框的上方还有两根黄色管子，负责将高频高压送入训练场地。这个训练基地真够复杂的。不过真正的训练场地是在那个不锈钢盒子里面，外面这些都是保障设施。这就是改造过的回旋加速器，代号SFC。

那就让我们进去看看吧！慢着，你身上可不能有一丁点铁质东西啊，不然你就会被吸在磁头上动弹不得了。怎么里面是空空的？除了上下像三片风扇叶片的磁极，和盘绕在它上面的一些铜管外，只有一个半圆形的紫铜盒子与外面横躺着的家伙相连，与外面的一根黄色管道相连的一片紫铜片紧紧地靠在它旁边。半圆形紫铜盒子直边面对着一个长方形的铜框，另一根黄色管道与它连接在一起。铜盒子中心有一根小管子通向下面的兵员征集挑选部。靠近空着的那一半的边缘有一个用不锈钢片隔离出的弧形通道。

这里的兵员征集部与前面的相比，更大，更复杂，设计更特殊——用能超级导电的线圈（超导线圈）组合成特殊磁场形状加上特殊的"无线充电宝"，以及零下270摄氏度的极冷装置。它征集的兵员可广了，从瘦小的氢、锂小矮人（有3个质子和4个中子）到大胖子铀都有，提供的兵员更精干，大部分的负担都很轻，外带的电子少，有的干脆是小矮人一个，没有任何负担。他们是怎么做到这一点的呢？简单说就是将懒惰（固体）的堡主"放"在一个特殊设计的小锅中，通过加热，让他们动起来，互相远离（气体状态），活泼的堡主就直接送进去。同时建立快速电子部队，并通过无线充电装置近距离地不断给这支部队添加能量，使他们始终保持旺盛的战斗力，去循环攻击堡主们的城墙，轰掉城墙上的电子。被击垮城墙的堡主们在特殊设计的强磁场作用下，会被集中在一个不大的空间里，不断地被外加电场从出口引导出去，通过运兵通道送到训练场地。有时候还需要在运兵通道某处将这些兵员再一次进行集中，成批地送往训练场。这种兵员征集部的名字就叫ECR离子源。

为了不妨碍小矮人部队的正常训练，不锈钢盒子里的气体堡主几乎都被真空机驱逐干净了。身负正电荷的小矮人兵员从紫铜盒中心的运兵通道上来后，在强大的磁力驱使下开始跑圈，每到半圆形紫铜盒子的直边，就会被电击一次，加一点能量，速度就增大一点。就这样，小矮人兵员越跑越快，但是每跑一圈所用的时间都相等。最后穿越最外边的那个弧形通道，进入了新的运兵通道。从这里训练出来的部队速度可就更大了，碳小矮人部队的速度足有每秒5万多千米。更重要的是，不管小矮人的体重多少，都可以在这里接受训练。当然，体重越重，跑得越慢，铀−238小矮人的速度还不到碳小矮人的一半。这个训练基地叫作回旋加速器。

能不能把小矮人训练得更快些呢？完全可以，不过这个训练基地还不行，它的设备还不够先进，规模也还不够大。让我们到另一个更大规模的训练基地走一遭吧！

直升机在一个狭小的走廊内连拐了几个弯，来到一个大厅。啊！好大的一个家伙，四个巨大的铁脑袋成掎角之势，这是四块磁铁，每一块都有500吨。它们共同衔着一个硕大的扁不锈钢筒，筒的内部是训练场。在

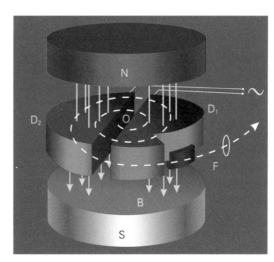

图2-6　回旋加速器结构示意图

一侧有两根运兵通道与筒子相连，一根从远处进来，源源不断地运进需要进一步训练的部队，另一根伸向了旁边的大厅——训练好的队伍将通过这里奔赴战场。另外两侧相对而立的是给训练中的

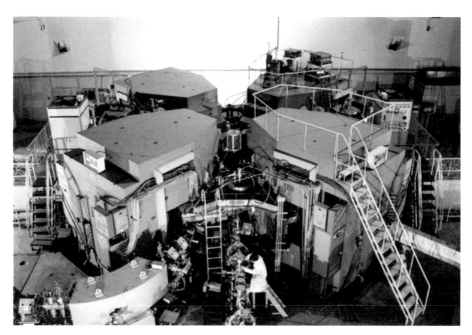

图2-7   兰州重离子研究装置——分离扇回旋加速器（SSC）

小矮人不断加力的高频机柜。坐在四个大脑袋中间的是大型抽真空机器——负责清除训练场中的闲杂人员。这也是一种分离扇回旋加速器（SSC）。

让我们进到里面探个究竟。变！直升机瞬间变小了，找到一个小孔就钻入扁不锈钢筒。好宽阔的场地啊！靠近中心部位有几个短的通道，逐渐散开，有两个非常大的张开的尖嘴巴相对而立，好像随时准备咬住什么东西似的。靠近边缘有一个隔离出的通道。只看见有很多小矮人，一批一批、不断地从外面嗖嗖地飞进来，每一批小矮人部队都会在中心部位附近的短通道导引下，即刻进入训练场，开始沿着没有画线的跑道，不停地转起来，一下走弧线，一下走直线。每到一个张开的大尖嘴下，都会被电击一下，同时向外跳一点点，变换一个跑道，跑得也更快一些。整个训练场地都布满了部队，都在有序地用不同的速度在跑动着。

只有很少的落伍者在漫无目的地游荡着，最后不知撞到了什么地方。大概跑了几百圈，终于来到靠近边缘的隔离墙边，一批部队中的绝大部分成员都会顺利地沿着隔离墙的外侧通过，只有可怜的少数成员，看不清隔离墙，一头撞了上去，接下来就可想而知了。实际上，在这里可以训练各种小矮人部队，不管是比较瘦小的碳小矮人，还是大胖子铀小矮人，都可以被训练成合格的战士。从这里出去的部队拥有更大的速度，但是难免有被淘汰的，因此数量会比进来的少些。

我们继续沿着运兵通道前行，检阅小矮人部队！长长的运兵通道，里面除了有几道开着的闸门外，还看到有几个吊起来的铜制小筒。小矮人部队一批接着一批有序地在里面快速前进，两批之间都保持相同的距离。每一批小矮人战士可不像仪仗队那样整齐划一，而更像是游行队伍，在自由地快速前进，时而分散，时

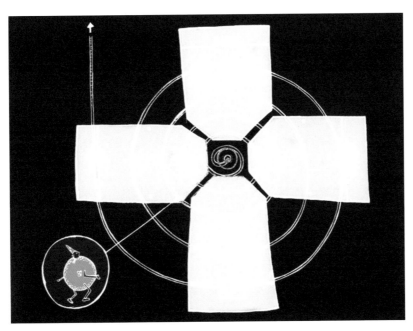

图2-8　小矮人训练现场——SSC工作原理

而聚拢。也有极个别的战士离队伍太远或是不跟随队伍的行走节奏，就再也回不到队伍里了，因为不知道他们会在什么地方撞到运兵通道的墙上。其实，部队前进时的聚散都是由通道外面的四极磁铁的磁力控制的，弯道处、通道外面放置了二极磁铁，迫使部队转弯。

为了特殊战斗的需要，还要产生一些新的小小矮人（新粒子），或者要产生一种在极高温度下才能存在的全新的物质——夸克胶子等离子体。这种物质的温度有1.4万亿摄氏度以上，据说只有在宇宙大爆炸的初始阶段才存在这种物质。这就需要将小矮人部队的速度提高到非常接近光的速度——每秒299792.458千米。当然在这里，小矮人部队是绝对达不到光速的，原因是当小矮人的速度非常大时，自身的质量会快速地增加，越接近光速，他的质量也就越大。比如速度为光速的99%时，质量就是原来的7倍多；当达到99.9%时，质量就是原来的22倍多。这也是除光以外任何其他物体的速度都不能达到光速的原因。因此，要使小矮人跑得更快一些，就需要更大规模的新型训练基地——同步加速器。

⑤　小矮人闪电部队训练基地

让我们到同步加速器（冷却存储环CSR）的训练场参观一下吧！乘坐直升机从门口进来，拐了几道弯，眼前突然出现了一个由许多不同颜色的铁块包围着的不锈钢粗管道，长长的，向两边延伸而去。这个训练基地比较特殊，是一个由一根很粗的不锈钢管道围成的圆形场地。管道内，周长将近162米。一个比较长一些的六边形金属筒子横在眼前，它紧紧裹着管道，仔细查看标牌，上面写着"高频加速腔"，是用来激励每位小矮人战士，增加他们速度的专用设备。向左沿着管道的方向前进，第一个看到的就是一块黄色的铁块，看到它的标牌上写着"四极磁铁"的字样。这

图2-9　兰州重离子加速器冷却储存环（HIRFL-CSR）

图2-10　兰州重离子加速器冷却储存环电子冷却装置

是约束部队的主要设备，它与其他磁铁联合起来，不断修正每个战士的方向，使整个部队在训练过程中始终保持方向的一致性。基地上共有30块"四极磁铁"。在磁铁旁，横躺着一个家伙，与管道连在一起，还用涂了白色金属的布料包裹着。经请教管理人员，才知道这是"真空泵"，用来清除训练场地中的闲杂小矮人城堡的机器。这个场地要求闲杂人员尽量少，大概是一般空气中的千万亿分之一。要达到这一点，必须下苦功夫，不仅需要安装许多高级"真空泵"，那根管道也需要用特殊的不锈钢材料制成，并经过特殊的处理，工作前还要在200多摄氏度的高温下一边烘烤一边清理几十个小时。据统计，这个基地上有几十台"真空泵"。我们继续前进，看到一块长长的蓝色大铁块，一连四块在弯道处按顺序排开。它们每一个的标牌都非常明显——"二极磁铁"。我们知道，二极磁铁是迫使小矮人部队转弯的，这里有16块二极磁铁负责此项工作。再往前走，仍然是一些四极磁铁、二极磁铁交替排列着。突然，有两根粗壮的柱子架着一根长长的不锈钢管坐落在不锈钢粗管道的上方，下面粗管道上也包上了橙黄色的方形设备。这可是一个新的东西，我们要好好请教一下专家。

专家告诉我们这是"电子冷却装置"，是用来给小矮人部队降温的。什么是电子冷却呢？先说说温度。温度是物体内部堡主们（原子或分子）杂乱无章运动速度的一种度量。如河水流动，水分子统一向一个方向运动，这部分运动对温度没有什么影响。只有杂乱无章的运动才会使温度变化。开水中水分子的杂乱无章的运动非常快，它的温度就很高。如果在开水中加入一些冷水，温度就会马上降下来，这就是冷却现象。冷水分子通过与热水分子碰撞，使原来动得很快的分子慢了下来，而自己也动得快了，最终大家乱动的速度都差不多相同。小矮人部队看起来都是向一个方向飞速前进，但是如果进入部队当中考察一下，就会发现这个部队并不像仪仗队那样整齐划一地向前走，实际上，队伍中的每个小矮人战士都很自由，既可以走得快一点，也可以走得慢一点，既可以向左走走，也可以向右逛逛，这样小矮人部队就会保持一定温度。但这会影响整个部队的战斗力！必须对他们进行整顿，但又不能停止运动。怎么办？将一个强大的每秒产生近一千亿亿个的电子战士组成的，速度也与小矮人部队一样快的电子仪仗队开进去，把数量不到电子战士千分之一的小矮人部队裹挟起来共同向前。这样一来，小矮人战士如果再东窜西窜，就会碰到电子战士。电子战士虽然个头很小，但是数量多，碰撞的次数多了，小矮人战士也就规矩多了，并且能够像仪仗队一样飞速前进。经过一段路程的监督，电子部队也就一批离开小矮人部队，接着一批返回自己的营地，然后不断有新的电子部队进入，保证小矮人部队在这段路程上都会通过整顿，成为合格的战斗部队。

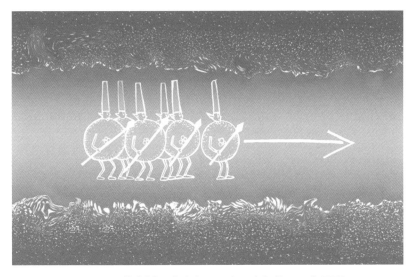

图2-11　给小矮人降降火——电子冷却装置工作原理

这个训练基地的训练过程分为三个阶段。第一阶段是集合队伍，就是让那些从前一个训练基地出来，比如从SSC，经过长途奔波加入这里的部队，边跑边集合，并把他们分组，等集合到一定数量后，比如碳小矮人战士的数量需达一千亿，再开始新的训练。第二阶段是训练，一般要经过几秒钟，战士们在唯一的跑道上不停地奔跑，不停地散散聚聚，但在"四极磁铁"和其他磁铁的"修理"下，都会尽可能地沿着那唯一的跑道前进。每次经过那个"高频加速腔"时，小矮人战士就会被刺激一下，速度也就增大一些。同时，"二极磁铁"的磁场也要相应地增强，这样才能使小矮人战士在弯道处不被甩出去。等到他们的速度合格后，部队会被送到各个战斗阵地参加战斗。第三阶段是输送部队。这也是一个技术活，有两种方法。一是一点一点地将合格的小矮人战士从跑道上分出来，然后送出去，这叫慢送出，最慢时得用一万秒才把跑道上的战士全部送出去。另一种方法是一下子将跑道上的所有战士都送出去，称作快送。

在这里训练过的战士具有更大的速度，比如碳小矮人战士的速度就可以达到光速的90%左右，也就是说每秒达到了27万千米。通过这些小矮人战士的战斗，不仅可以在核素图版图上增加许多新的住户，而且还可以杀死癌细胞，与植物的DNA分子厮杀，通过改造农作物DNA产生新的品种，如使花朵变得更多姿多彩。

还有更大的训练基地呢，如美国的相对论重离子对撞机（RI-HC）。它的跑道有3850米长，训练出的战士速度更大。在欧洲，有一个叫LHC的大型强子对撞机，它的跑道足足有27000米长。它所训练出的小矮人战士的速度是光速的99.9998%，即每秒299791.9千米。用它训练出来的小矮人部队相互对撞，就会产生人们期待已久的"上帝"粒子——希格斯玻色子。它可重得多了！它的质量大约是电子的1260亿倍，或是质子的6860万倍。这种类型的小矮人部队训练基地，不仅可以训练小矮人军队，还可以用来训练更小的快速电子战队。电子战队也能够在许多战场上施展自己的本领。如果让接近光速的带负电的战队与带正电的战队迎

图 2-12　欧洲核子中心——大型强子对撞机（LHC）

头碰撞，那就会产生各种各样的新粒子。极高速的电子战队在弯道处会发出 X 光，这种光可以用来给小鱼的鱼刺作详细检查，也可以查看各种蛋白质的内部结构。如果你有机会，可以到北京和上海参观一下这种训练场地。

好了，这次就介绍这些，再见！

第三章

小矮人世界的
新成员

　　小矮人世界中有多少住户？他们都是从何而来的？什么时候、又是如何来到小矮人世界的呢？

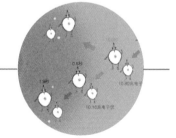

小矮人之间的碰撞产生新的小矮人

① 小矮人世界的版图

核素图是一张小矮人国的地图，是茫茫的质子数和中子数海洋中小矮人的版图。在这张图中，经度是中子数，纬度是质子数。在小矮人的世界里，每一种小矮人都有确定的住址，是一个独立的住户。按照小矮人肚子里的质子数和中子数就可以准确地找到你要找的那个小矮人的家庭住址。每个位置上的那种小矮人就代表一种核素，所以这个图就被命名为核素图。目前，小矮人世界已发现的约有3473个小矮人住户。

图中曲曲折折的黑线上的各种小矮人都非常稳定，可惜这样的人（核素）不多，总共只有288户。其中，254户小矮人是长生不

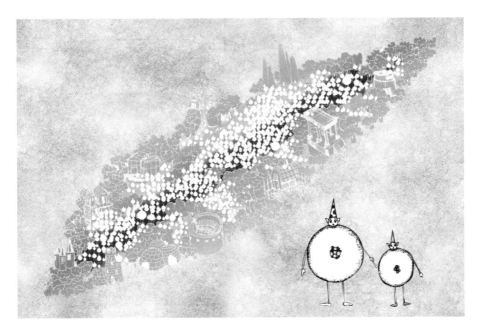

图3-1　核素版图

老的，另外的 34 户是特别长寿的。他们的寿命一般都大于 8000 万年，有的与地球的年龄一样（45 亿年），甚至更长。如 ^{232}Th、^{235}U、^{238}U 等小矮人。其余的 3000 多户小矮人都不稳定，他们的寿命有的可以很长，达到上万年，而有的也可以短至数十纳秒（一亿分之几秒）。在地球上最多只能找到 50 多户不稳定的小矮人，而且他们大多是那些长寿小矮人的子孙，或者是那些长生不老的小矮人受到来自宇宙的高能射线攻击后，几经变化演化而来的。剩下一小部分都是由人工方法在实验室中生成，或者在核反应堆和核爆炸中产生，后来被发现的。那么，到底小矮人世界的版图有多大？根据科学家推算，大约有 7000 多户小矮人。

自古以来，人们都在与那些长生不老的小矮人打交道，用他们打造各种工具，制造各种钱币。在一百二三十年前，科学家们经历了 20 多年才把那些长寿小矮人一个一个地找出来，并给他们

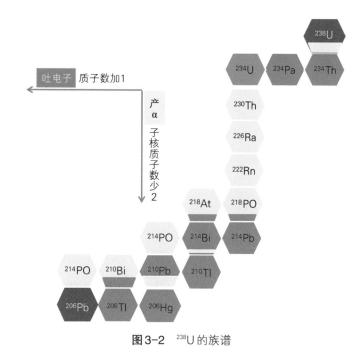

图 3-2 ^{238}U 的族谱

起了名字。不过，他们的老祖宗要么是 ^{238}U、^{235}U，要么是 ^{232}Th。他们生产一个α小矮人传到下一代，下一代再生产一个α小矮人传到下下一代，就这样一代一代地传下去。每一代的寿命有长有短，有些中途不生产α小矮人，而是吐出一个电子变成另外一个家族的一支，但这一支还是要生产α小矮人。这样一直延续到铅家族。

② 新生的小矮人

　　小矮人战斗部队训练营地的发展速度非常快，规模越来越大，设备也越来越完善，不但可以对质子、氦等瘦小的战士进行训练，使他们成为合格的战士，而且可以在较大规模的训练营地对胖的战士，如肚子里有20个质子和28个中子的钙-48小矮人，铀-238小矮人进行训练，让它们与光赛跑。有了这样的战斗部队，就可以与各种堡主进行战斗，制造出许多种新的小矮人。从六七十年前开始，在无数次战斗中，通过合二为一（聚变）、一分为二（裂变）、暗度陈仓（转移）、产多胞胎（碎裂）等途径，不断地产生新的小矮人住户，小矮人世界里的住户越来越多，目前已达到3473户。这些住户大多集中在U家族住户以下的地区。

　　已知的小矮人世界里，有118个家族、3473个住户。他们有的喜欢安安静静地待着，一点不调皮；有的却非常好动，一不注意就换了一副模样；有的骨瘦如柴，风一吹就倒了；有的胖乎乎的，身上的肉似乎都快要掉下来啦！这么多的住户，他们是怎么在小矮人世界里安家的呢？

　　翻阅历史，我们发现第一个住户是由卢瑟福在1908年给他注册的。他将能放出α的物质放到电磁场中，通过测量α粒子偏离原路径的多少，计算出其电荷量是两个电子的电荷量（2e），相对质量是3.84，由此认定α粒子就是氦原子核（两个质子和两个中子）。随后又用了近30年的时间，用特殊的办法称量每一个小矮人的质量，确定了它们的质子数，几乎帮所有的稳定的小矮人都安了家。

还有 3000 多户又是怎样安家的呢？还记得小矮人的对抗赛吗？小矮人的对抗是注册新小矮人住户的好办法。100 多年前，约里奥·居里夫妇第一个利用小矮人对抗的办法注册了好几个新小矮人住户。在 ^{238}U 的族谱中有一位小矮人 ^{210}Po，他非常好动，寿命大约是 200 天，时不时产下一个小 α，自己也就变成了稳定的 ^{204}Pb。这个小 α 一生下来就跑得非常快，居里夫妇就用他撞击硼（^{10}B，5 个质子）、镁（^{24}Mg，12 个质子）、铝（^{27}Al，13 个质子）堡主，用盖革-米勒计数器测量碰撞后产生的新小矮人所发出的射线，以计算他们的寿命。发现 α 与不同的堡主碰撞产生的新小矮人有不同的寿命。经过仔细研究，原来是碰撞时，各位堡主都将 α 吃掉，又吐出了中子或者质子，分别变成了 ^{13}N（7 个质子）、^{28}Al、^{30}P（15 个质子）。

3 发现新大陆

原来科学家们认为小矮人肚子里的质子和中子都是随意混在一起的，看起来像个水滴。经过计算，最胖的小矮人有数量最多的 104 个质子。后来发现情况并非如此，质子和中子都像原子中的电子一样，是分层的。这样，最胖的小矮人可以有更多的质子，特别是那个有 114 个质子、184 个中子的小矮人，还有非常长的寿命。以他为中心的一片区域的小矮人都很胖，寿命都比较长一点，每个小矮人肚子里的质子数都超过了 104 个，中子数也都在150 个以上，所以这片区域被称为超重胖子区（超重核稳定岛）。这片区域风光无限，大家都想去探寻和开发，也为此付出了巨大的代价。我们来看看要挖到一个超重胖子，比如说 118 号超重胖子，要经历哪些艰难困苦。

（1）召集钙-48小矮人部队

要找到118号超重胖子，首先要介绍一下钙-48小矮人部队。

在地球上随处可见钙（Ca）小矮人家族的踪迹，土壤中、水中、植物和动物体内，到处都有他们的身影。Ca家族都有20个质子，因此，他们在元素周期表中占据的是第20号的位置。前面讲过，在小矮人中，20以及8、28、50、82、126、184等数字都是一些魔幻数字。只要小矮人肚子里的质子或者中子是这个数目时，他们都显得很稳定。在目前已发现的小矮人中，Ca家族中注册的住户有21个，其中大多数的寿命都比较短，从162.7天到10亿分之一秒不等，只有6种兄弟非常稳定，这6位成员的肚子里分别装着20、22、23、24、26、28个中子。其中有20个中子的那户人家，因占有了两个20魔幻数字，他们在Ca家族中是绝大多数，占了97%。对Ca家族来说，28个中子实在是太多了些，但是28是魔幻数字，配上20个质子，有28个中子的住户们也就稳定了。但它们的数量很少，只占0.187%。制造118号超重胖子需要的就是这由只占0.187%的Ca-48小矮人组成的部队，那如何将他与其他兄弟分开呢？

大家先了解一下磁铁吧。玩过磁铁的人都只道，一块磁铁有两个极，分别叫作N极和S极，而且N和N或者S和S靠近时互相排斥，N和S靠近则互相吸引。如果强行将一块磁铁的N极与另一块磁铁的S极靠近，而且分开一定的距离，那么磁极空开的地方和它附近就会充满磁力，我们把这样的场地称为磁场。再来看一下电流，也就是带电微粒形成的微粒流。带电的小矮人穿过磁场（N在下，S在上）时，会受到磁力的推动，带正电的被推向右手边，带负电的被推向左手边。带电越多，磁力越强，受到的推力就越大。带的电和磁力大小都相同，越轻（质量越小）的被推得越远。这样，不同的带电小矮人以同样的速度一起穿过磁场后，就会分开落在不同的位置上。可以利用这种方法将Ca-48小矮人分离出来。首先，将Ca家族所有住户的成员放在一个小锅中加热，使每户城堡外围城墙上都失去1个电子，同时在锅口加上电压，将他们吸引出来，并让他们快速穿越磁场。这样，不同的孪生兄弟就分开了。Ca-40兄弟是最轻的，被推开得最远；Ca-48最重，偏离距离最小。它俩之间还有Ca-42，Ca-43，Ca-44，Ca-46。幸亏Ca-46孪生兄弟占的比例很小，使得Ca-44与Ca-48两组孪生兄弟很好分开。依靠磁场的力量，把同一家族中不同住户兄弟分开的机器叫磁分离器。要想得到足够多、足够纯的Ca-48兄弟，需要很长的时间。按照每秒有11.7万亿个带1个电荷的Ca-48通过设定的磁场，且都全部收集在一起，估计要得到1克重的Ca-48（大约有125万亿亿个兄弟），大约需要30万小时，也就是34年。如果34台这样的机器同时工作，也要一年的时间。用化学方法也可以挑选Ca-48，但同样需要相当长的时间。

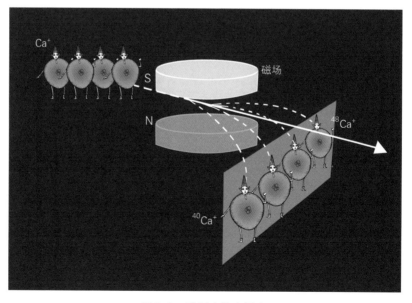

图3-3 磁场中的小矮人

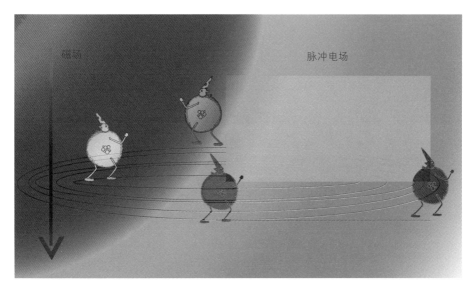

磁场   脉冲电场

图3-4 Ca-48部队进行回旋加速训练

　　有了清一色的Ca-48兄弟，还得将他们训练成为合格的队伍。整个训练过程相当复杂。每个兄弟都躲在自己的城堡中，不能组成队伍。因此，首先要将众多Ca-48堡主连同他们的城堡一起放在一个高温熔炉中，用强劲的沙枪摧毁城堡的城墙，尽可能多地除去城墙上的电子。其次，在熔炉出口加上高电压，将Ca-48堡主们连同他们城墙上剩余的少数几个电子一起吸引出来，再穿过磁场。最后，选择干净程度相同（带有同样电荷）的堡主并将他们送到训练营地。

　　Ca-48堡主在多跑道磁场训练营地不停地跑动着，每跑一圈，在加电压的固定位置上被充电一次（有的训练营地一圈有两个充电位置），速度就增大一点，再跳到相邻的外圈跑道继续前进。这样，越跑越快，圈也越跑越大。跑过几百圈后才能到达训练营的出口。训练营的出口很窄，只有那些速度达到要求的堡主才能从出口跑出来参加战斗。每秒钟大约有5万亿～6万亿个速度合格的Ca-48堡主从训练营出来，组成一支浩浩荡荡的大军，沿着规定的路线朝目标快速前进。路途中，需对这支队伍进行修整，不时地将他们适当聚拢一下，免得其中一些撞到道路周围，造成不必要的损失。

(2) ^{249}Cf靶子在建造

说起^{249}Cf（锎，98个质子，151个中子）靶子的制作，首先要知道^{249}Cf是怎么来的。地球上最重的稳定元素是铀（用符号U表示，有92个质子，位于元素周期表的第92号位）。U家族有三个比较稳定的住户，一个是^{234}U，另一个是^{235}U，还有就是^{238}U。其中，^{238}U占据了绝对的统治地位，而^{235}U只占0.7%多一点，^{234}U就更少，几乎可以忽略不计。^{235}U的孪生兄弟们占比虽然很少，但他们的作用可不小。^{235}U小矮人非常喜欢吃跑得慢的中子。但他们吃下中子后就发高烧，吐出两三个中子，同时一分为二，成为两个质子比较少的家族的住户成员，像乘坐高速火箭似的向相反方向飞去，穿过许多城堡后会慢慢停下来，同时还会释放出大量热量。那些被吐出来的中子在堡主之间撞来撞去，越跑越慢，最后很有可能被别的^{235}U兄弟吃掉。如果想使这样的过程连续不断地发生下去，同时再吐出更多的中子，就需要将更多的^{235}U聚集在一起。如果把^{235}U在U家族中的比重增加到5%，U家族就可以用作核电站的燃料，用来发电。如果^{235}U在U家族占绝对统治地位，例如95%以上，U家族就可以用作中子炉的燃料或者用来制造核武器。

^{238}U也会吃中子。如果它吃了跑得很快的中子，会像^{235}U一样，变为另外两个家族的住户成员。而当它吃了走得很慢的中子后，体温会升高，只是吐出一粒沙子(电子)，发出几道看不见的光，然后就安定下来。它肚子里的质子会增加一个，在元素周期表中的位置会后退一步，成为^{239}Np(镎)，有93个质子。

同样，Np也可以吃中子、吐电子而变成Pu(钚，94个质子)，Pu再吃中子吐电子变成Am(镅，95个质子)，它再经过不断的吃中

图3-5　用来制造^{249}Cf小矮人的
特殊的中子火炉

图3-6　Cf家族城堡的分离

子和吐电子过程，就能生出更重的Cm（锔，96个质子）和Bk（锫，97个质子），直到组成Cf家族成员。Cf在元素周期表中位列98。

　　为了得到^{249}Cf，首先需要制造一个能够在短时间内产生非常多中子的特殊炉子，叫作高通量中子反应堆。与核电厂的反应炉不同的是，这个炉子虽然较小，但燃料是^{235}U，这是占统治地位的U家族成员。在这个炉子内，每秒钟在指甲盖大小的面积上会有大约2500多万亿个中子通过。第一步是将准备好的Am和Cm两个家族的混合物（靶子）放在中子炉的中心区，因为这里的中子密度更大。让靶子中的堡主们尽量多吃些中子，经过24天左右，这时炉子中的^{238}U燃料消耗了很多，中子数目也下降了，需要更换一批新的燃料，以便重新让靶堡主们再多多地吃中子。反复五六次后，需要大约一年的时间，再将靶子提出来，运到特别的化工厂中，把所需要的堡主，包括Bk、Cf、Es和Fm（镄，100个质子）等家族分离出来。剩下那些没有多大变化的堡主们也是非常珍贵的。一点也不能丢弃，要将他们再送回炉子中，让他们再多吃中子。

当然分离出来的这些家族中，Bk家族最多，Cf家族次之，Es和Fm家族都很少。在Cf家族中又有^{249}Cf、^{250}Cf、^{251}Cf、^{252}Cf等住户。^{249}Cf住户的人数最多，把所有的^{249}Cf兄弟集中起来，也就是芝麻粒那么大小的一点，大约千分之几克。为了将^{249}Cf兄弟挑选出来，需要一遍一遍地过滤，将他们家族中别的住户成员分离出去，使^{249}Cf兄弟占到98%以上。这可是经过千辛万苦得来的，是无价之宝。

最后将他们放在硝酸中去游泳，找一个硝酸伴侣，再将他们一起放进一个特制的电镀槽内，通过电流将Cf家族的堡主们都牢牢地固定在1.5微米厚度的钛箔上，就成了合成超重胖子118号元素的靶子。Cf堡主很活泼，很容易与氧堡主拉上手，结合成类似于铁锈模样的灰色氧化物。结果是靶子表面看上去不会像不锈钢勺子那么亮。

(3) 118号超重胖子的产生及鉴别

有了^{48}Ca的军队和进攻目标的靶子，这还是第一步，真正的战斗还在后面。首先将制得的靶子剪成几块小片，贴在一个可以转动的轮子的靠外边沿，形成一个圆环。要知道，每秒两万亿^{48}Ca的大军在进攻时，靶子的温度会上升得很高，如果连续进攻一个地方，没有多长时间，就会将靶子打得魂飞魄散，不留任何痕迹。因此，一旦^{48}Ca战士对靶堡主开始发动进攻时，贴有靶子的轮子就要不停地转动。在战斗中会诞生出许多家族的堡主，他们都会被战斗部队裹挟着穿过靶子。为了把他们分开，从中选出超重胖子，就需要将他们引进一个叫作分离器的大铁柜，在上面加了强大的磁场，在里面加进相当多的氢城堡，大概是每立方厘米有2亿亿个。大批没有参与实际搏斗和在战斗中损失不大的战士，由于其速度与原来队伍的速度相差不多，而且他们的质量都不是太大，又几乎是赤身裸体（堡主外围没有几个电子跟随），因此，很

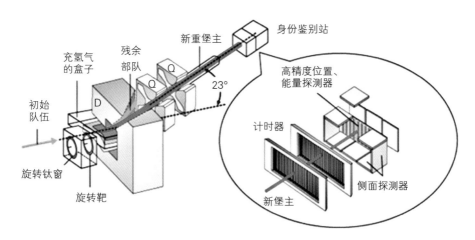

图3-7　分离器结构示意图

快被磁场驱离出原来的路径，收集到一个特定的收容站中。剩下的都是那些新出现的，走得比较慢的重家族成员，大概是每秒有几百个。他们不断地与磁场中的氢城堡撞来撞去，同时抓紧机会从氢城堡上拾取电子，来修复自己那被破坏的城墙。不知不觉他们也就慢了下来，最后再没有力气从氢城堡上取下电子，自己城堡的城墙上大多还会有一个电子的缺口。这时只好慢慢地在磁场中按照规定的路径前进，最后集中到一个不大的出口通道上，去进行身份鉴别。

　　怎么鉴定这些重的堡主家族是不是要找的超重胖子呢？这可是一项非常复杂的工作。为此，设置了几道关口：一是要看他们走路的速度，这需要在起始点和终点准确地计时；第二道关口是确定他们停下的地点，这需要精确的定位器；第三个，也是最主要的，就是要检查他们的后代是否与已知的堡主相符，这样才能推算出他们原来的肚子里的质子数和中子数。

　　第一个关口的关键是计时器的精度。虽然超重胖子跑得比较慢，但是每秒仍可跑几百千米，比火箭快多了。现在的计时精度已经达到一百亿分之一秒，完全可以满足要求。第二个关口的关键是定位精度，这也不成问题，现在探测器的定位精度可达几个微米，比GPS定位精度高多了。第三个关口是决定成败的关键。为此，用5块边长为4厘米，且具有高定位精度的正方形探测器制成一个桶，桶口朝向超重胖子飞来的方向。这5块探测器不仅可以精确定位，还可以精确探知来者及其新生氦公主的跑动速度或者动能。一般来讲，目前所能造出的超重胖子由于太胖太重，都不稳定，大多是通过一代一代生产特定动能的氦公主而不断传宗接代，逐步向前推进自己在元素周期表中的位置。为了从已知的堡主反推其祖上是哪个超重胖子家族的哪个成员，需要记录每个氦公主的出生时间、位置和能量。测量结果是，千辛万苦造出的这个新家族的堡主，他的寿命不到千分之一秒。第一代产出的氦公主，动能为11.65兆电子伏，向前推进两位；又经过百分之一秒，再生产出一个氦公主，动能为10.80兆电子伏，又向前推进两位；这个位置上的堡主经过0.6秒就会一分为二（大约有70%的机会），有时会生出一个氦公主（约有30%的机会），动能为10.16兆电子伏，这个堡主又向前推进两位。注意，这位堡主的寿命和他生产的氦公主的能量与已知的114号位上有172中子的堡主的数据基本符合，所以基本可以说这位堡主应该是有172个中子的114号堡主。再看这位114号堡主生产氦公主后，变成的新堡主是一分为二的，寿命是千分之一点九秒。这两点与112号位上有170个中子的堡主的数据相符。因此，最后两位堡主中，一位是114号位上有172个中子的堡主，另一位是112号位上有170个中子的堡主。从他们反推回去计算，从112号位后退6位，或者从114号位后退4位，都得到118号位，这与^{48}Ca堡主和^{249}Cf堡主的质子总数相符。这样就确定他们的祖上是来自118号位家族中的一员，而且肚子里有176个中子，也就是说科学家们造出了118号位上的一个堡主，肚子里有176个中子。

后来，国际上把这个家族称作Oganesium，中文名称氡。这个

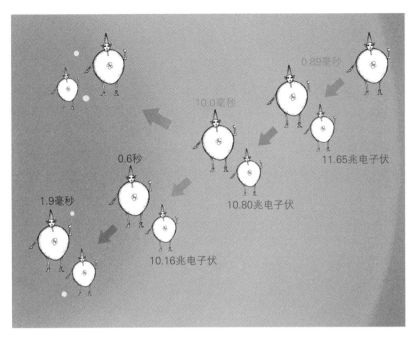

图3-8 原子城堡的变身

名字来自于一个长期进行超重胖子研究工作的俄罗斯科学家,以表彰他的重要贡献。这个新的超重胖子是俄罗斯和美国两个国家的科学家合作的结果,俄罗斯提供了 ^{48}Ca 部队(包括训练营地——加速器)和118号位家族的鉴别设备,美国提供了 ^{249}Cf 靶子。他们一起在核素版图的最远端118号位置注册了新住户。

到此为止,科学家们经过七八十年的努力,在实验室中造出了从93号位一直到118号位的26位堡主的不同兄弟,使得小矮人世界的版图在远端有了很大的扩展,实现了科学家的部分梦想。

④ 小矮人世界的远景规划

小矮人世界里还能注册更多的住户吗?答案是肯定的。多年前,科学家从理论上对小矮人世界的疆土范围进行了推算,预言

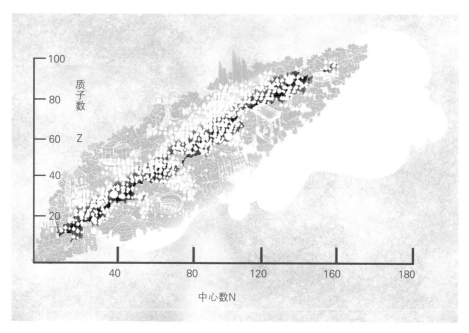

图3-9   预期的小矮人版图

可以注册的住户大约有7000多户，也就是说还有3000个住户等待注册。这些等待注册的户址都在哪里呢？科学家给出了大致范围边界。由此可以看出，在现有小矮人世界版图的右侧还有大片的空地。当然，这是理论推算的结果。在新的地方，小矮人是否还会遵循现有的规矩？比如20、50、82、126、184等是否还是魔幻数字？小矮人到底能够胖到什么程度？特别是那块风景迷人的超重胖子岛的中心在哪里？这需要科学家更多的努力才有可能得到答案！如果你想参加到这支探险队中，去欣赏和享受那迷人的风光，那就努力积攒知识本钱吧！

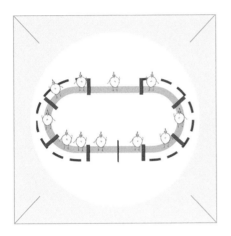

第四章

称称小矮人
有多重

能用最精密的天平称一个小矮人的"体重"吗？肯定不能。究竟怎样才能给一个小矮人称重，而且还能非常精准呢？

称量小矮人的体重需要特殊的仪器

① 有的是办法去称他质量

一天，大胖子铀小矮人静静地坐在自己的城堡中，手托着下巴在那里沉思着：只知道我长得胖，但是我的"体重"到底是多少呢？

是啊，谁不想知道自己的体重呢？但是小矮人实在太小了，无法在电子秤上称重。那么，如何来称这么小体积的小矮人的质量呢？

大家都知道"曹冲称象"的故事。曹冲通过测量石头的重量，推算出大象的质量，这是一种间接测量的方法。我们是不是也可以用间接的方法称一下小矮人的"体重"呢？回答是肯定的！

（1）小矮人的兄弟姐妹——同位素的发现

在小矮人的世界里，大家都很"轻"，即质量非常小，如果用克作为质量单位，很难精确表示。因此，科学家规定 ^{12}C 堡主连同他城墙上的电子一起，取其 $\frac{1}{12}$ 为小矮人的"体重"单位（原子质量单位），用u表示，1原子质量单位等于 $1.66053886 \times 10^{-24}$ 克（质量和能量是可以互换的，1原子质量单位等于931.496兆电子伏）。要测量这么小的质量，就需要制作一杆非常精密的秤。

1913年，有个叫约瑟夫·约翰·汤姆逊(Thomson Joseph John) 的英国科学家，根据带电粒子在电场和磁场中会发生偏转的现象，发明了测量小矮人体重的方法。他首先挖掉小矮人城堡城墙上的一些电子，或者干脆叫小矮人裸身出城，然后，让他们穿过电场和磁场。小矮人在电场和磁场中会不由自主地向确定的方向偏转，从而偏离原来的方向。当小矮人跑步的速度、电场和磁场的

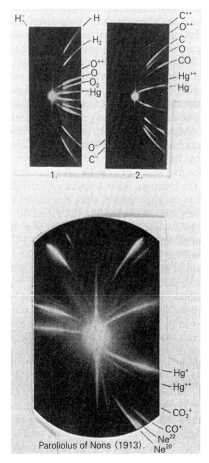

图4-1 1913年汤姆逊报道的质量谱，不同的核素显示为底片不同位置的曝光

强弱都固定之后，偏离多少只与小矮人的"体重"与它带电电荷之比有关，这时根据偏离的距离就可计算出小矮人的质量。汤姆逊用照相底片显示出不同小矮人的足迹，惊奇地发现氖（Ne）小矮人走了两条不同的路！汤姆逊想啊，算啊，终于弄明白了，Ne家族有两种不同的小兄弟（同位素），一个是 ^{20}Ne，有10个中子，另一个是 ^{22}Ne，有12个中子。后来，汤姆逊的助手弗朗西斯·威廉·阿斯顿（Francis William Aston）发明了具备电磁聚焦性能的质谱仪，发现许多家族都有不同的兄弟，总共有不少于212种不同的小矮人兄弟。

这是直接测量的方法。不过，这样测量的精度都不是太高，大约是几十分之一，也就是能将同一个家族中不同的兄弟分开而已。小矮人还想知道自己的身体质量与自己肚子里的中子和质子的总质量有没有区别，因为这可是关系到自己寿命长短的大事。另外，小矮人肚子里的中子和质子之间距离的远近，也会造成身体质量的细微差别，这关系到小矮人能不能生存的问题。还有，太阳为什么总在发光，它的能量从何而来？超新星爆发时发光时间有多久？要想知道这些，就必须准确知道许多小矮人的身体质量，这就需要几千亿分之一的精度。那么，有没有精确测量小矮人身体质量的好办法呢？

（2）室内短跑

短跑跑道就设在小矮人部队训练场地出口的不远处的不锈钢管中，跑道上其他小矮人城堡大多被清除，跑道的两端分别架设两台高精度智能计时器。以氧小矮人为例，看看是如何测量他的身体质量的吧！氧小矮人飞快地从训练场跑出来。在跑道的起点，第一台智能计时器记录下氧小矮人的出发时刻。当氧小矮人到达终点时，一下子撞在了第二台计时器的挡板上，不仅记录下到达时刻，同时也得到了氧小矮人的能量信息。这就可以计算小矮人的身体质量了！实测距离50.0155米，用时 $\frac{1.201}{1000000}$ 秒，能量143.75百万电子伏。能量等于速度平方与身体质量乘积的一半，计算结果是氧小矮人的身体质量是14899.2百万电子伏（2.6560×10^{-26} 千克）。为了提高准确性，可以增加跑道的长度，这样不仅可以提高距离测量的精确度，还可以进一步提高时间测量的精确度。现在百米赛跑的成绩，很容易计算到千分之一秒，小矮人赛跑的计时可要精确得多，可以精确到几千亿分之一秒，但是距离的测量精度最多是微米，即百万分之一米。如果跑道距离太长，测量时还达不到这个精度。再者，能量的测量精度不是太高，这里只有万分之几，因此，测量结果也就是这个精度了。例如，1982年，法国科学家将小矮人的跑道距离加长到82米，通过测量赛跑时间，得到速度值，从而得到小矮人的质量，精度不到几十万分之一。当然跑道距离还可以增加，进一步提高小矮人身体质量的测量精度。但是受空间的限制，总不能无限延长。更重要的是能量测量的准确度不高，限制了这种方法的精度。

② 新秀赛跑测身体质量

为进一步提高测量精度，二十多年前，德国科学家发明了一种"储存环质量测量方法"，测量了好几百种小矮人的身体质量（质量）。这种方法就是让小矮人在一个环形跑道上不停地奔跑，测量每跑一圈所用的时间，再结合别的测量计算出他的身体质量。十年前，我国科学家也在冷却储存环上完成了小矮人身体质量的测量。这种方法的测量精度可能达到千万分之一。让我们看看他们是如何测量小矮人的身体质量的吧！

（1）有快有慢——等时性质谱仪

前面已经参观了小矮人部队的大型训练场，从这个训练场出来的部队与堡主进行了搏斗，许多新的小矮人就在搏斗中出生，而且都是裸身出城的，速度也与原来的部队差不多。他们继续向前飞奔，在经过一段运兵通道后进入了一个新的大型赛场（冷却

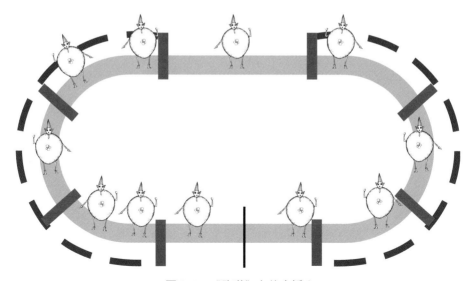

图4-2   "跑道"上的小矮人

存储环）。跑道的周长有128米。这个赛场有新的规定，对新来的战士要进行分类，带的电荷与自身身体质量之比（称为"荷质比"）相同的为同一种类。同一类小矮人战士，要保证跑每一圈的时间是一样的。为达到目的，跑得快些的就去跑外圈，如果你的体力不好，跑不快，那就跑里圈。这样，小矮人战士跑一圈的时间只与他的"荷质比"有关。进来的所有小矮人战士都自觉地按照规定在赛场上不停地飞奔起来。现在要开始测量了。首先测量每一个小矮人跑每一圈所用的时间，知道了跑每一圈的时间，就知道每个小矮人战士是属于哪一类。每一类中先找出已知身体质量的小矮人战士，确定这一类战士的"荷质比"。然后，根据那些质量未知的小矮人的电荷，就可以确定他的质量了。

（2）明亮的眼睛——高灵敏度探测器

当小矮人在环形跑道上奔跑时，我们需要一个高明的裁判来评判在众多的矮人兄弟姐妹中，谁跑得快，快多少；谁跑得慢，慢多少。只有知道了小矮人在环形跑道上奔跑的速度差异才能称出小矮人的兄弟姐妹间身体质量上的差异。

在这场田径比赛中，小矮人战士都是经过训练的，都有极强的奔跑能力。在冷却储存环的环形跑道上，小矮人们的奔跑速度达到了每

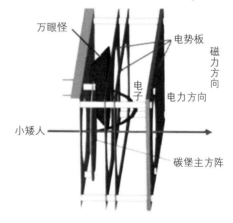

图4-3 高灵敏飞行时间探测器示意图

秒20万千米，也就是光速的$\frac{2}{3}$，这可是运送卫星上天的火箭速度的一万五千多倍。所以，如果想精确地记录下小矮人们每跑完一圈的时间，就需要我们的裁判必须有一双明亮的眼睛，并配有一台非常灵敏的计时器。谁能担任这一角色呢？"高灵敏飞行时间探

测器"可以担此重任。它具备两种超强的能力。第一，它有一双明亮的眼睛，能看到那些极快飞奔的小矮人是在哪一时刻在它眼前闪过的；第二，它有极快的反应能力，能够在看到小矮人闪过的那一瞬间，准确无误地记录那一时刻。

为什么这台仪器具有如此强的能力呢？这得从它的结构谈起。它身上有一块只有1微米厚的碳堡主方阵（碳膜），还有三块加了电的平板（电势板），外带一个二极磁铁和一个0.2毫米厚、40毫米大小的玻璃片（微通道板）。这个玻璃片可不一般，它是由许许多多5微米粗细的小管子并排堆积而成的。下面就简单介绍一下各部分的用途。

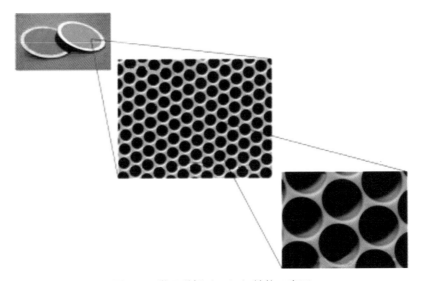

图4-4　微通道板（MCP）结构示意图

碳堡主方阵是环形跑道上的一个标志线。小矮人在跑道上每跑一圈，穿越一次标志线，同时会从碳城堡上撞出一些电子，提供给裁判记录撞线时间。

电势板和一个外部二极磁铁，三块电势板平行排列，并加有不同的电压，形成电场。外部的二极磁铁的磁场方向与电场垂直，这样，不论小矮人在环形跑道的内侧还是外侧，他们穿过标志线时撞出的电子传到裁判员眼睛所花费的时间都是一样的。

微通道板是裁判的眼睛，负责接收电子，然后放大，再供裁判记录。这块板子上可有一千多万只明亮的小眼睛啊！这比《西游记》中的"千眼怪"要厉害得多。

有了这样的仪器，还怕不能出色地完成任务？近代物理研究所的科学家在这里精确测量了一批寿命只有千分之几秒的小矮人的身体质量。他们分别是 ^{41}Ti、^{45}Cr、^{49}Fe、^{53}Ni、^{63}Ge、^{65}As、^{67}Se、^{71}Kr……这些小矮人的家都在他们大陆的左边缘，肚子里的中子数都比质子数少了许多。

（3）遥看天河——质量测量与超新星爆发的关系

夜幕下的天空，繁星点点。你知道这些星星是怎么发光的吗？

天文学家告诉我们，只有恒星才能自己发光，而且能够稳定地长久发光，就像太阳那样。夜晚月光虽然很明亮，但它不是自己发的光，而是反射太阳的光。除了恒星是自己发光以外，天空中还有爆发性的发光星体。这种现象称为超新星爆发。1054年，还是在宋朝的时候，中国首先观测到这样的发光星体。在最初的23天，即使在白天，这种星体也像太白金星（或叫启明星）那样亮。超新星爆发导致的光亮要经过两年的时间才暗下来，这次爆发留下的残骸就是现在看见的蟹状星云。

我们肉眼看到的是可见光，还有大量肉眼看不到的光，如 X 射线、γ射线、各种地球上有的和没有的小矮人，以及更小的粒子。

不管是恒星发光或超新星爆发，它们的动力都来自于其内部各种小矮人在重力驱使下发生的极速碰撞。长寿恒星中的小矮人种类较少，大多是以氢和氦为原料，经过不同阶段的碰撞，最后就产生了从锂家族一直到铁家族的成员。

比铁重的小矮人家族是怎么产生的呢？这就要说到超新星爆

发这样的天体事件了。你知道吗？太空中有一种星星，叫中子星，它是由中子和少量的其他粒子组成，个头不大，半径在十几千米左右，质量可大得惊人，是太阳质量的1.4～2倍。两个中子星合并，或者是中子星施展"吸星大法"将离它很近的小质量恒星吸进它体内的时候，就会产生新的小矮人家族。这些也是许许多多短寿命小矮人家族，特别是胖小矮人家族的发源地。有的还会在极短时间内发出非常强的X射线，称为X射线暴。

X射线暴是中子星（主星）施展"吸星大法"，将邻近的一颗质量比较小的恒星吸进自身的一种极快速的过程。在不到1秒钟的时间内，X射线亮（强）度可以增大20～50倍，X射线的总功率达到1亿亿亿亿瓦。连续发光时间可长达十几秒。每隔一段时间会再次爆发，有的可以重复好几次，每一次表现也都不一样。这可是关系到下一步中子星如何演变、宇宙中小矮人家族的起源，以及各种小矮人家族占的比重的问题。目前，科学家正在努力重现观测到的X射线曝光度曲线，但前提是必须先知道这个过程产生的各个小矮人家族成员的寿命和身份质量。身份质量的极细微差别就会使计算的结果有巨大的差异。比如，^{65}As小矮人，新测得的身份质量比原来的重了不到千分之一，但是，计算的X射线暴的发光延续时间就短了近30秒。其实，总的发光延续时间还不到200秒。

图4-5　X射线暴示意图

3   可以称"我"的体重吗

我叫中微子，是体重非常轻的一种粒子，身上不带电，有人称我是"宇宙中的隐形人"，可以与光并驾齐驱，穿过地球时几乎不会遇到什么阻拦。我们有三种兄弟，身份可以互换。我们来自恒星和超新星爆发，有的小矮人吐出一个电子，成为别的家族成员时，我也会随之而出。我们充满了宇宙，平均每立方厘米有300个。每秒我们会有上亿个兄弟穿过人的眼睛。这么轻的我们，体重到底有多少呢？

所以，科学家发明了"离子阱"，我的体重就能称量出来了。离子阱，顾名思义，是把离子（带了电的小矮人）陷进一个"陷阱"。不过这个"陷阱"有点复杂，有三种变形。有一种"陷阱"，它有一个小蛮腰的小圆筒，上下各有一个中心开了一个小孔，中间部分下凹的盖子，活像个小小的卫星天线锅，隔着绝缘垫子坐在小蛮腰圆筒上。上下盖子上加有固定电压。这个带有盖子的圆

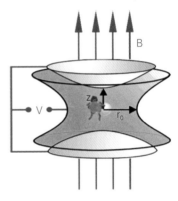

图4-6   离子阱结构示意图

筒立着放在很强很强的均匀磁场中，在筒外面正对上盖中心孔再放置一个探测器。跑得不是很快的小矮人从下盖中心的小孔进到阱内，像迷了路似的，一面上下跳动，一面不由自主地在磁场中转起圈圈，虽然转的圈不太大，但由于磁场很强，转得非常快。同时，还要在筒内慢慢地转大圈。不管小矮人在里面的运动方式如何复杂，当在小蛮腰小筒上加上交变电压，而且交变电压的变化速度（频率）等于小矮人带的电荷数与质量的比值再乘以磁场强度的值时，小矮人从上盖中心小孔中飞出圆筒，打到探测器上所需的时间最短。由于内部复杂，计算出的质量会有很小的偏差，尽管很小很小，但是对于非常精确的质量测量也会带来很大

的误差。在实际测量时，就在那个计算结果附近来回搜索，直到找出飞行时间最短的那个交变电压的频率。当然，还要与已知质量的原子核的测量结果进行比较，最后才能得到小矮人的精确质量。

用这种离子阱已经称量过许许多多小矮人的体重，差别最多为千亿分之一。不过，称量中微子的体重，误差得在万亿分之一以内；如果要称出氘小矮人的体重，误差在百亿分之二以内。几年前，国外的科学家开始制造这种精密的"离子阱"。这种仪器外表看起来非常大，里面的核心也还是小小的离子阱，不过是多了许多辅助的部件。

图4-7　德国卡尔斯鲁厄用于氚中微子实验的离子阱照片

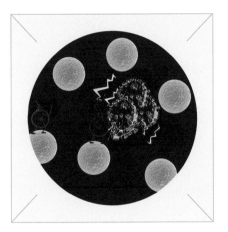

第五章

斩妖除魔的
生力军

　　癌症是人们健康的大敌，医生想了很多办法消灭癌症。小矮人部队在与癌症的战斗中可是一支最精锐的部队。那就看看他们是如何与癌症进行殊死搏斗的吧！

碳小矮人部队长途奔袭，准确杀死肿瘤细胞

① **优秀的战斗部队**

直升机在一片混沌中飞速前行，像是在宇宙中漫游，不知过了多久，就在我快要睡着的时候，传来一阵轻柔的广播提示："您好，我们马上要进入人类的皮肤组织了，可能会有剧烈的颠簸，请您系好安全带不要随意走动。"皮肤组织细胞相对于这架比小矮人大不了多少的直升机而言，就像是一片稠密的宇宙星云。在进入皮肤细胞的时候直升机确实经历了一段剧烈的颠簸，穿过了无数个原子城堡，直升机逐渐趋于平稳。"我们此行的目的是观察重离子束小矮人军团消灭肿瘤巨人军团的过程。"直升机广播告诉我们此行的目的。这将是一场非常精彩却又十分残酷的战争。

直升机悬停在皮肤组织的深处，周围的世界光怪陆离，那些细胞组织在我看来就像是几光年外的宇宙星系，根据提示，我拿出了随身携带的超高倍望远镜，透过望远镜向远处看去，到处是密密麻麻的原子城堡，主要是碳（C）、氢（H）、氧（O）家族的城堡，只见他们三三两两挤在一起，不停地跳动着。我换了个位置继续搜寻，只见从最远的地方飞来了一大群密密麻麻的小矮人，仔细看原来是碳（C）离子小矮人，他们像宇宙中的外星人舰队，队伍整齐有序，风驰电掣，朝着皮肤组织的方向飞来，俗话说得好："人不可貌相，海水不可斗量。"你可千万不要小瞧这些其貌不扬的碳离子小矮人，他们可是抗击肿瘤的生力军！这个军队虽然个头普遍较小，但每一个小矮人都纪律严明，令行禁止，在斩妖除魔的道路上展现出了非凡的勇气！

这些碳小矮人们有什么特殊本领呢？

（1）拥有一颗仁爱之心和坚忍不拔的毅力

当奉命抗击人体深处的肿瘤组织时，磁离子小矮人部队一边朝着目标奋力前进，一边尽最大的可能保护沿途的正常细胞和组织，以防止滥杀无辜。经过长途跋涉，终于到达了敌人的老巢。这时，虽然他们已经很累很累，快要走不动了，但面对强劲的敌人，他们并没有示弱，而是抖擞精神，迸发出他们所有的能量，激发出众多小战友（电子），带领他们一起英勇杀敌。这就是他们特有的布拉格（Bragg）能量峰，小矮人们就是用它来有效地杀死癌细胞的。

说起癌细胞，谁都非常痛恨它。它们是一群脱离人体"中央指挥部"的管理和控制，自行疯狂繁殖，强行掠夺人体健康组织营养，侵蚀健康细胞的坏蛋，从而使人逐渐消瘦、衰弱直至死亡。

癌细胞关键的"软肋"就是它的脱氧核糖核酸（DNA）分子。DNA分子看起来像是个麻花一样缠在一起的一架长长的"绳梯"。"梯子"两边的绳索是由无数个不同家族的小矮人城堡一个挨一个、按照固定的顺序排列而成的；梯子的横梁是一些不同家族的小矮人城堡搭起来的。癌细胞DNA分子携带着癌细胞的遗传指令和密码，引导合成癌细胞里面的有机化合物，保障癌细胞无休止地繁殖和生存。因此，只要将这些携带癌细胞遗传指令和密码的"梯子"彻底摧毁，就能彻底杀死癌细胞了。

高速飞驰的碳离子小矮人们像一个个怒发冲冠的小勇士，用猛烈的火力将癌细胞里面的DNA这架"绳梯"打得七零八落，不仅绳梯的两个边绳都被砍断，横梁也有多处断裂，再也修不好了。这样，癌细胞得到了致命一击，同时沿途和敌人老巢周围的正常组织也得到了有效的保护。

除碳离子小矮人军队以外，X射线军队、γ射线军队以及质子军队等，都是抗癌的有生力量。通常，医院就是利用X射线军队对癌发起进攻的。X射线军队的对敌信念是"宁可错杀三千，也不放过一个"，在沿途不分青红皂白地杀害了一大片正常组织细胞，自己也遭到重创。在到达敌人老巢的时候，战斗能力已大大下降，大多也只能切断DNA绳梯的一个边绳。这样，DNA会很快将它修复好。这种粗暴的作战方式，不仅当时就给癌患者带来明显的伤害，也很容易留下隐患，日后使某些健康的细胞也可能转化为癌细胞。

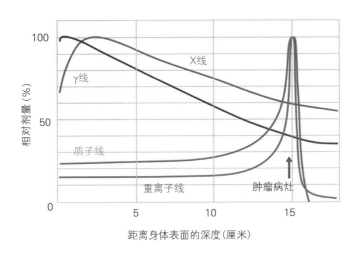

图5-1　不同粒子随身体深度变化的能量曲线

（2）快慢有别，各司其职

就像炮弹的射程主要取决于炮弹的初始速度一样，小矮人部队的速度，决定了他们能在人体组织中穿行路程的长短。为了捣毁不同深度的肿瘤老巢，需要训练出速度不同的小矮人军队，或者中途改变小矮人部队的速度。速度慢的军队可以用来捣毁较浅处的肿瘤老巢，速度快的军队则用来捣毁深处的肿瘤老巢。要对付那些纵向长度较长的肿瘤，还需要不同速度的小矮人军队协同作战，在肿瘤老巢集体迸发能量，共同歼敌。

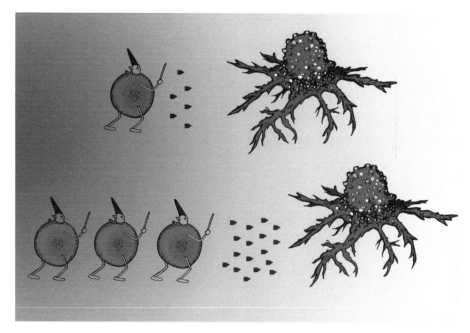

图5-2 不同能量的碳离子可到达的深度

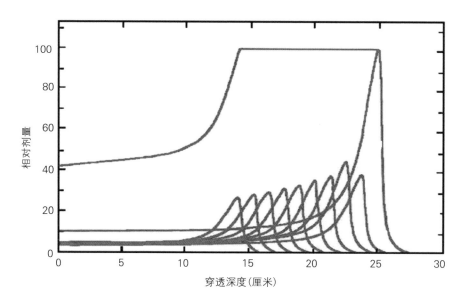

图5-3 在肿瘤靶区不同能量碳离子束的叠加

（3）纪律严明，令行禁止

碳小矮人军队是经过严格训练的部队，纪律严明，令行禁止，在作战过程中始终保持高度的统一性。在得到命令后，他们就直奔肿瘤老巢，在那里统一行动，浴血奋战。虽然质子军队在敌人老巢和碳离子小矮人军队有着相似的爆发特性，但是他们在纪律上不如碳小矮人军队，显得有些自由散漫，沿途容易受到干扰而离队，在敌人老巢爆发能量的地点也不够集中。X射线军队的纪律就更差了，不仅敌友不分，而且经常是自由散漫，不服管教。不管行军途中设置了多少路标和指示牌，还是会有许多不守规矩的战士离开队伍，四处游荡，伤及无辜。

相比之下，碳离子小矮人们是当之无愧的最优秀的军队！也正因为碳小矮人军队有非常严明的纪律，不会错杀正常组织的细胞，他们会被派去狙杀那些盘踞在人们头颈部的肿瘤，在肝脏内部靠近大血管的肿瘤，以及靠近大血管的肺部肿瘤、宫颈癌等。

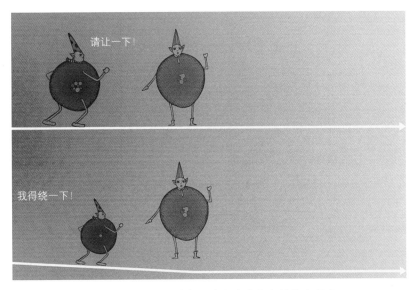

图5-4　质子线和碳离子线在束流线上的集中程度

由于小矮人战士都是带电的,因此,可以灵活调整小矮人军队攻击敌人的方式。通常有两种方式,第一种是被动式适形攻击,第二种是主动式适形攻击。所谓被动式适形攻击,就是通过在他们的进攻途中放上适当的摆动磁铁、散射体和多叶准直器等这些无形的大手,将军队的形状"捏成"与肿瘤一致的形状,然后进行作战。主动式适形攻击,通过各个击破的战术,达到摧毁整个敌人老巢的目的。首先将敌人的老巢分成许许多多小区块,每个小区块作为一个攻击点;再把军队按顺序分成一个个小队,按照区块的前后位置调整小队的速度,每个小队都会在扫描磁铁引导下,负责攻击一个小区块。总之,调控军队的方式多种多样,简单易行,执行效率极高,作战效果较好。

(4)创造新小矮人战士,自觉接受监控

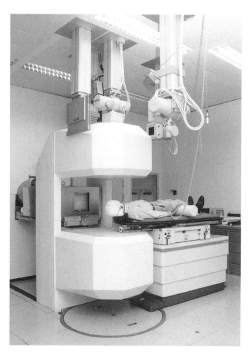

图5-5 PET相机

碳离子小矮人们的行踪还可以在线监控。在长途跋涉中,小矮人战士会非常偶然地与周围细胞中的小矮人发生碰撞,自己被别人抓去几个中子,变成短寿命的小矮人。例如,只有4个中子的碳10小矮人,他的速度不减,但在停歇后会很快吐出正电子,正电子与负电子相遇,就会变成两条背向而行的γ射线。这时用正电子发射型计算机断层显像(PET)相机就可以捕捉到他们。由于这些碎片一直跟随着小矮人部队,通过检测这些碎片所产生的信

号就可以知道小矮人们的实时位置和大概数量。这一特性，常规的 X 射线部队是无法做到的。

　　现在，你是不是对这些碳小矮人军队有了不一样的认识呢？科学家们正是利用小矮人军队的这种特性对肿瘤进行定点爆破式的治疗。这种方式不仅有效地杀死了癌细胞，同时又尽可能地保护了肿瘤周围和辐射通道上的正常组织，使其少受损伤。因此，重离子束（军队）被称为21世纪最理想的放疗用射线。

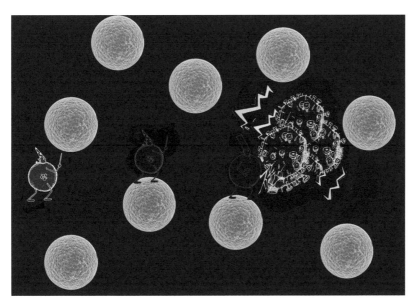

图5-6　重离子射线与X射线和γ射线治疗肿瘤的区别

② 目标明确，精准无误

　　与肿瘤搏杀是一场战争，不见流血，也无硝烟，却危机四伏。
　　碳小矮人军队在既定的时间和预设的地点，用恰当的战力，成功剿灭全部的肿瘤细胞，这并不是巧合。随着时代的发展，利用各种军队击杀肿瘤细胞，不再是双方的遭遇战，而是建立在海量情报前提下的信息战。"知己知彼，百战不殆。"在战争开始之前，借助于先进的侦察系统（CT、PET、PET-CT），将肿瘤的位置、尺寸、密度等信息尽收囊中，并据此制定出针对性的作战方案，以保证在全局灭杀敌人的同时，最大限度地保护健康区域。治疗计划系统就是运筹帷幄的统帅，它能精确地指挥每一名小矮人战士狙杀各自应该消灭的对手，全歼敌人。

计算机断层扫描（CT）和正电子发射断层显像（PET）是侦察敌情的千里眼，它们事无巨细地全面监视着肿瘤区域每一个动静，将敌方布防、战力配置及它们的变化等机密信息随时传递给上层决策者，为他们能及时构建出肿瘤的立体图像提供可靠数据。

图像重建就是把即将面对的敌人（肿瘤）的三维结构真实地复刻到面前，为治疗计划系统制定精确的攻击方案提供一个真实的目标，以保证实战时能够精准无误地杀死肿瘤细胞。

治疗计划系统是小矮人部队与肿瘤决战的大脑。随着计算机技术的发展，治疗计划系统具有强大的运算能力。它会根据侦察到的敌人信息和建立的攻击目标，制定出多套详细的战斗计划，包括如何对战场进行分割，每一个区域用多少兵力，对兵员速度的要求，如何调动兵力等。它还会根据计划对战斗过程进行精确的模拟，经过验证，选择其中最接近预期效果的计划。

正所谓："剑锋颐指刃所向，重兵搏击揽上苍。奇门精演全局在，决胜千里癌皆亡。"

③ 优点多多，功效更上一层楼

如何衡量一支军队的战斗能力呢？那就要以敌我双方的伤亡数字来衡量。杀敌三千，自损两千，当然是很不合算的，说明部队的战斗力相对敌人不是很强。对于同样的敌人，如果是杀敌三千，自损三百，这就可以说具有很强的战斗力。在对肿瘤的作战中，同样是杀死一半敌人，X射线军队要比碳小矮人军队多消耗两倍到三倍多的战斗力。这证明碳小矮人军队具有很强的战斗力，在医学上称作碳小矮人部队有很高的相对生物效应。

X射线军队在攻击肿瘤时，氧小矮人好像是他们的拉拉队一样，氧小矮人越少，X射线军队的战斗力表现得就越差。有的肿瘤细胞疯狂增加，吞噬了大量的氧小矮人的城堡，因此肿瘤细胞中间很少有氧小矮人活动。这时，X射线的战斗力表现就差。但是，碳小矮人部队作战就不一样了，只要是肿瘤细胞，不管它们中间有没有氧小矮人，他们照样勇猛杀敌，毫不松懈。

肿瘤细胞的成长分为几个时期，如准备期、生产期（分裂期）、稳定期等，不同时期的肿瘤细胞对X射线军队的抵抗能力不同，军队的战斗力也就不同。而碳小矮人军队的就不会顾及肿瘤细胞是在哪个时期，他们都会进行狙杀，同时，也会阻滞很多细胞周期的产生趋势，比如可以将正准备分裂的细胞停止或者延迟分裂，从而达到狙杀肿瘤细胞的目的。

从以上这两方面来评价，碳小矮人军队的战斗力更是远远超过了X射线军队的战斗力。

④ 整装待发

"号角已吹响，军队已集合"，碳离子小矮人部队已经准备好了，可以开始踏上消灭肿瘤的征途了。

2012年开始，中国科学院近代物理研究所在甘肃武威开始建设医用重离子治疗示范装置，2015年建成并成功出束。该装置采用独特的回旋加速器与同步加速器相结合的方式，设计了水平束治疗室、垂直束治疗室、水平束加垂直束治疗室以及四十五度束线治疗四个治疗室布局。其中同步加速器的周长仅为56.17米，是世界上最小的重离子治疗专用同步加速器。甘肃武威的医用重离

图5-7 医用重离子治疗示范装置模型图

子示范装置是我国第一台自主研发的、拥有自主知识产权的医用重离子加速器。目前已做完最后的调试，并进行了全面的测试和检查，获得了通行证，即将开始大规模"集训"重离子小矮人军团，有望给广大的肿瘤患者带来福音。

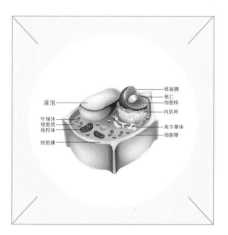

液泡
叶绿体
细胞质
线粒体
细胞膜
核被膜
核仁
细胞核
内质网
高尔基体
细胞壁

第六章

广阔天地，
大有作为

　　如何使大豆、小麦等农作物更强壮、更优质高产？如何使花卉变得更艳丽多姿呢？如何保证太空飞行器能够正常运行呢？这些问题都可以交给小矮人部队去解决！

碳小矮人部队是改造其他细胞DNA的一
支最强的战斗部队

① 变异可怕吗

（1）植物的基本组成及分类

我乘坐直升机，穿过显微镜，来到生物的世界。生物多奇妙啊！可以将无序的各种物质转变为有序的结构，这个能力是独一无二的。看到一个个圆滚滚的小球挤在一起，真是可爱。这些是生命的基本单位——细胞。每种生物都是由细胞组成的，每个细胞就像一个微型工厂，成千上万的化学反应在精确的控制下发生。这个工厂在类似果冻状的细胞质里运行，里面的成员可真丰富，这么多兄弟姐妹谁也离不开谁：细胞核、内质网、线粒体、液泡等。最重要的是细胞核，它可是工厂的指挥中心。细胞工厂有多大呢？大多数介于10～30微米之间，但是彼此间差异很大。最小的独立生存的细胞是支原体，直径约0.1微米。卵细胞是非常大的细胞，例如鸵鸟的卵细胞可以达到25厘米长，是我们已知的最大细胞。

细胞工厂分为两种，植物工厂和动物工厂。这里重点介绍植物工厂，它最外面有一层坚硬的铠甲——细胞壁，如果没有它，工厂将坍塌为绿色的废墟。铠甲内侧是一层柔软的细胞膜，它确定了细胞的边界，产生和维持细胞内外截然不同的电环境，控制各种有机分子的进进出出。没有它，工厂的正常生产将陷入混乱，因为分不清哪些是外面的人，哪些是里面的人，一群零乱的氨基酸、蛋白质、糖类、核酸等各种有机分子成员，混合在一起，像个吵闹的集市。不同于动物工厂，植物工厂可以自己合成养料，原料很简单：水和二氧化碳。通过散布在工厂中的一栋栋叫作叶绿体的反应塔，太阳光一照，塔内的叶绿素和其他色素捕获阳光中的能量，一系列复杂的光合化学反应立即启动，水分子分解为氢原子和氧原子，氢原子和二氧化碳分子结合，一个个氧分子和葡萄糖分子快乐地冒出来，氧分子释放到空气中，葡萄糖被输送到其他车间，或者提供能量，或者被合成为淀粉储藏。

植物工厂的形状很大程度上是由细胞壁铠甲决定的。细胞壁是一个高度有序的，由许多不同的多糖、蛋白质和芳香族化合物组成的复合体。纤维素是地球上最丰富的植物多糖，它的基本组成单位是β-D-葡聚糖。除可用于木材、纸张和纺织品外，细胞壁还是新鲜水果和蔬菜的主要结构成分，组成了人类营养中重要的食用纤维。对细胞壁成分的改良是人类进行食品加工业、农业和生物技术工业的很重要的目标。

只有一个细胞，也没法形成生物啊，当然单细胞生物除外。我从显微镜里飞了出来，回到图书馆的多媒体电脑前面，开始查阅资料。看样子需要了解一下植物的发育特征了。细胞需要不断分裂，产生更多新细胞，经历扩张与生长过程，最后在植物体中形成某个器官，例如根、茎、叶等。在发育过程中，单个细胞并不只是进行简单的增殖——它们在生长的生物体中会分化产生不同的作用。这是一种劳动分工。多细胞生物中细胞类型的多样性反映的是个体细胞所承担的特定的角色任务。细胞生长和分裂彼此协调作用，形成具有特定形状和功能的器官，进而发育成完整生物体；而特化的细胞和组织是在特定的位置以特定的排列方式出现的。细胞间通过通信与相互作用，例如小分子和离子信号等，来调控细胞的命运。同时，植物体作为一个整体感知周围的环境并作出反应，例如向日葵可以在白天追踪太阳的方向。

植物发育的特征之一是在植物生活周期中形成新的器官，并且总是在生长顶点产生。植物的总体性状在不断变化。在植物胚胎（植物小宝宝）发生的最后阶段有两类截然不同的细胞，又称分生组织，整个植物体随后就由它们发育而来。茎顶端分生组织产生茎，根分生组织产生根。需要注意的是，哺乳动物的成熟胚胎（动物小宝宝）中已经出现所有的身体组成部分。如果你从户外折了一截活的树枝，插在家里的花盆中，在温度、湿度合适的条件下，用不了多久，你就可能得到一株完整的植物。植物能够从离体部分产生新植株，部分原因是植物中细胞命运方向比在动物中更易改变，即在植物成熟胚胎中，组成植株个体的所有细胞并没有都成型，也没有特定细胞分化形成生殖细胞系。正是利用这一点，我们用碳小矮人去攻击离体植物组织或者枝条、块茎等，可以通过植物细胞的全能性，在较短时间内形成新的突变体，从而获得植物新品种，创造经济价值。

我继续乘坐直升机来到高空，向下俯视，天哪！这么多五彩斑斓、各式各样的植物，这世界上究竟有多少种植物呢？其实，陆地上的植物主要是种子植物，种子植物是能够产生种子的植物。现存的种子植物超过22.3万种，可分为5个单系类群：苏铁目、买麻藤目、银杏目、松柏目和被子植物。被子植物特指能够开花的种子植物，最重要的两个分类为单子叶植物和双子叶植物。身边常见的水稻、小麦、玉米、高粱、大麦、燕麦等都为单子叶植物，大豆、花生等为双子叶植物。

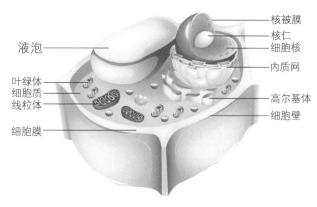

图6-1　植物细胞结构

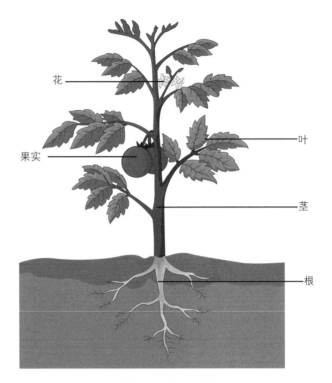

花

叶

果实

茎

根

图6-2 植物的器官

(2) DNA、染色体和基因

现在我搭乘直升机，穿过电子显微镜，来到更小的基因世界。众所周知，地球上的生命，与我们共存的无数生物，都是由化学"配方"（基因组）决定。每一种生物的"配方"，以化学信息的形式存在，这些信息存在于被称为脱氧核糖核酸（DNA）和核糖核酸（RNA）的螺旋分子中。活细胞中，遗传信息是以双链DNA的方式储存；病毒的基因组比较特殊，各式各样，可以为双链或者单链核酸，可以是DNA，也可以是RNA。DNA和RNA是由核苷酸单体组成的聚合分子，分别由4种核苷酸结构单元组成。

核苷酸又是什么呢？每个核苷酸由三个化学基团组成，分别为碱基、五碳糖和磷酸基团。碱基又包括两种嘌呤碱和两种嘧啶碱。DNA中包含腺嘌呤（A）、鸟嘌呤（G）、胞嘧啶（C）和胸腺嘧啶（T）。RNA中也包含A、G、C，但是由尿嘧啶（U）取代了胸腺嘧啶（T）。

DNA最早由瑞士生物学家约翰·弗雷德里希·米歇尔（Johann Friedrich Miescher）于1869年发现，米歇尔通过化学实验证明DNA是酸性的，富含磷。单个DNA分子很大。DNA双螺旋结构是如此神奇，20世纪前50年无人知晓它的具体结构，直至1953年，沃森（Watson）和克里克（Crick）发现DNA是双螺旋结构的，这也是20世纪生物学上最重要的突破。

生物信息是如何从DNA序列传递到生物学功能的呢？经过历代生物学家的研究，他们通常在实验室里捣鼓各种奇妙的遗传学及生物化学实验，最终总结出了遗传学经典的"中心法则"，即遗传信息通过"DNA—RNA—蛋白质"传递，最终形成完整的生物体。

在细胞的细胞核中，有好几种长度不一样的DNA分子。每一种被称为一条染色体，每个染色体有两个拷贝，一条来自母体，一条来自父体。染色体中的DNA自身盘绕并缠绕在其他化学物质上，如蛋白质。DNA的双螺旋结构是通过碱基进行连接，DNA中四种碱基的序列构成了与众不同的细胞的DNA蓝图。每三个碱基序列形成了一个密码子，每个密码子对应一个氨基酸序列或者信号发生分子，这样一条DNA分子可以携带大量氨基酸序列信息，从而可以翻译成不同的蛋白质。基因实际上就是生物的一本操作指南，或者也可粗略地这样理解，基因是染色体上控制蛋白质合成的特定区域。它告诉细胞什么时候该做什么事情，一切都有条不紊，按部就班，指挥蛋白质在体内行使功能。然而基因内只有一部分序列能翻译成蛋白质，其他序列提供附加信息，例如控制何时、何地、表达多少蛋白质等。植物长成什么样的株型、茎叶，开什么花，结什么果，在很大程度上受到遗传因素的影响。

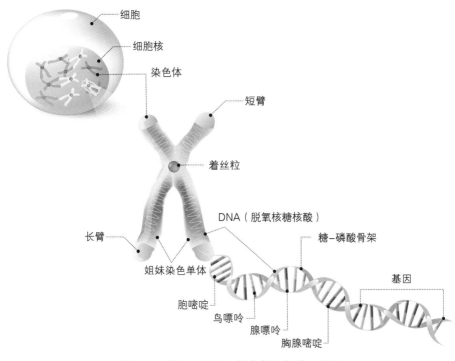

图6-3　基因、DNA、染色体和细胞示意图

（3）辐射与物质如何作用

"好累好累"，我从神奇的植物世界中出来，学了一大堆生物知识。现在，再来了解一下辐射的物理学知识。看不见摸不着的辐射很神奇，可以在眨眼间将信息传递出去（无线电波），可以在几分钟内将水烧开（微波），可以杀死病原微生物（紫外线），可以杀死肿瘤细胞（X射线放射治疗），还可以给农民伯伯产生新的作物品种（诱变育种）。这些过程都涉及与生物相互作用，可以归因于辐射与物质之间能量的相互传递。通常将辐射分成两类：电离辐射和非电离辐射。电离辐射，可以使物质分子发生电离，也就是将原子的电子击出，产生正负离子对的过程。非电离辐射，仅能引起分子的振动、转动或电子能级状态的改变。如果想杀死细胞或者引发细胞变异，通常来说，必须使用电离辐射。

　　小矮人军团对生物体的攻击，与其他电离辐射类似，也需要通过直接或者间接作用实现，与细胞工厂里的各个成员相互作用。这里以辐射攻击DNA分子为例。直接作用指辐射直接将DNA分子上的原子或者分子之间的化学键打断，间接作用指辐射先与环境中的水分子相互作用，产生自由基（OH·），自由基再与DNA分子上的化学基团相互作用，进而让DNA链发生断裂，一部分改变可以被"酶医生"修复，另一部分则无法修复。细胞内这么多成员中，为什么说DNA是最重要的目标分子呢？生物体的新陈代谢是个动态过程，糖、蛋白、脂类分子受到电离辐射作用后，性质发生改变，一部分会被生物体的免疫系统识别，另一部分可以被自身的各类酶降解掉。一段时间后，被改变的分子在生物体内会被清除干净。然而，携带遗传信息的DNA分子，如果它遭受攻击后无法正常修复，将在序列上产生与之前不相同的变化即突变。这样基因的表达受到干扰，蛋白质的表达相应受到影响。因此，生物体将呈现出与正常不一样的表型变化，其中一部分可以

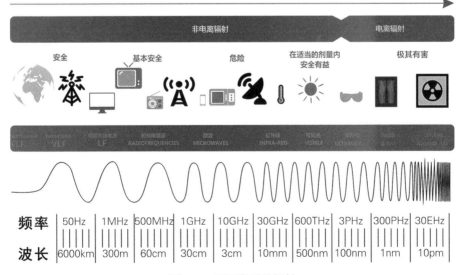

图6-4　不同类型的辐射

通过生殖遗传到下一代，经过多代遗传，新的品种诞生了。如果将时间放得很长很长，新物种也会诞生的。

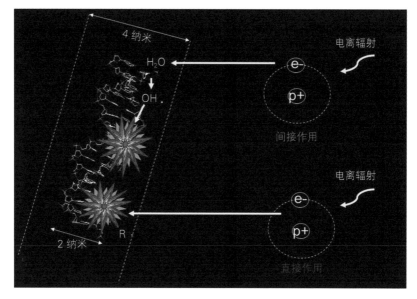

图6-5   辐射与DNA分子相互作用

（4）植物被辐射后当代会发生什么变异

可不要小瞧这些看不见摸不着的电离辐射，它们具有很强的杀伤力，尤其是小矮人军团。如果植物被辐射了，会发生生长缓慢或者停滞、死亡、无法形成种子等。科学家发现，不同植物对辐射的耐受程度不同。有的抗辐射，例如有种牧草叫"苜蓿"，它的干种子，需要超过1000戈（Gy）的γ射线辐射才能让幼苗的生长高度降低50%；有的不耐受辐射，例如大葱种子在100戈以内的γ射线辐射就够了。两者相差了10倍。植物的辐射敏感程度，与含水量、DNA含量、染色体倍数、不同细胞类型等有关。与动物相比，植物是非常耐辐射的。

假设1个成年人全身一次接受5戈的γ射线照射，他死亡的概率在50%以上；如果全身一次接受10戈的γ射线辐射，他的死亡概率接近100%。

（5）遗传与变异

我回到图书馆，冲杯咖啡，将电脑打开，接入云端数据库，继续查阅资料。有必要进一步了解一下遗传与变异了。生物通过各种生殖方式来繁衍后代，单细胞生物通过细胞分裂来繁殖自己，多细胞生物则分为无性生殖和有性生殖两种。无论哪一种生殖方式，都保证了生命在世代间的连续，并让"子女"与"父母"相似，这种世代间相似的现象就是"遗传"。遗传是遗传信息世代传递的现象，同一物种只能翻译出同种生物，所谓"种瓜得瓜，种豆得豆"。

DNA是非常长的分子，并且被频繁地损坏。通常情况下，细胞工厂里有医务室，会派出"酶"医生来修复。但是如果损伤是广泛的，它会产生一块永久的遗传密码，可以叫它"变异"。如果变异发生在生殖细胞，它们可以一代又一代地传递。变异创造了生物新的特征。DNA的复制和修复非常重要，因为生物个体的生存有赖于基因组的稳定。但是，并非所有的错误都能被正确修复，如果修复错了，细胞仍然能生存下来，这就是"变异"。实际上自然界中任何生物都在发生变异，当然频率很低。当环境发生剧烈变化时，原来的DNA蓝图携带的信息无法满足生物生存的需要，而某些遗传变异可以促进该生物渡过难关，被自然选择活了下来，这也是变异的奇妙之处。

某些特定的化学物质处理可增加突变率，这些物质称为诱变剂，它们引起的突变称为诱发突变。大部分诱变剂通过修饰DNA的一个特定碱基或插入到核酸中而直接发挥作用，通过应用诱变剂使得在任何基因中引入一些突变都成为可能，但是具体的突变是随机的。

变异可以分为两大类。一是染色体数目和结构的改变。这些改变一般可以在光学显微镜下看到。二是基因突变，通常指的是一个基因内部某一特定位点的点突变或小的DNA片段突变，光学显微镜下不可见，但多数可以影响基因产物，甚至改变表型。传统上，突变这一术语指的是基因突变，而较明显的染色体改变被称为染色体变异或者染色体畸变。

染色体结构变异主要包括以下四种。一是缺失，染色体失去了某个片段；二是重复，染色体增加了某个片段；三是倒位，染色体片段发生180度颠倒，造成染色体内基因的重新排列；四是易位，非同源染色体间相互交换染色体片段，造成染色体间基因的重新排列。

关于染色体数目的改变，首先介绍一下单倍体。单倍体只含有一个染色体组，只存在单套的基因，通常用 n 表示。如有2套染色体组，则为 $2n$，以此类推还有 $3n$、$4n$ 等。植物多倍体比起两倍体来，因为染色体数增多，细胞的体积要大一些。多倍体在生产上有重要意义。你有没有想过为什么超市里买的某个西瓜没有籽呢？例如将使用的二倍体西瓜在幼苗期用秋水仙素处理，可以得到四倍体。将四倍体作为母本，二倍体作为父本，可以得到三倍体植株，结的果实，即我们常说的无籽西瓜。

基因突变在生物界中普遍存在，并且突变后所出现的性状跟环境条件看不出对应关系。突变在自然情况下产生，称为自发突变。由人类有意识地应用一些物理、化学因素诱发，称为诱发突变。突变后出现的表型变化多种多样。根据突变对表型的效应，可以分为四种。一是形态突变，主要影响生物的形态结构，导致形状、大小、色泽等的改变；二是生化突变，可以影响生物的代谢过程，导致一个特定的生化功能的改变或丧失；三是致死突变，主要影响生活力，导致个体死亡；四是条件致死突变，在某些条件下能成活，而在另一些条件下是致死的。

突变可以在个体发育的任何时期发生，可以由自发突变或人工诱变产生。例如植物里，一个芽在发育的早期发生突变，该芽长成枝条后，上面着生的叶、花和果实跟其他枝条不一样，成为芽变。芽变在农业生产上有重要地位，果树和花卉的许多新品种就是由芽变得来的。一般芽变仅限于某一性状或者某一些相关性状，而其他许多性状跟原来品种一样，所以可以在较短时间内应用嫁接、压条等无性繁殖方法将这些优良性状保留下来，再经过适当选择，繁育成为新品种。应用碳小矮人军团辐射，结合无性扦插繁殖获得了一种奇妙的花卉，叫"冬花夏草"。这种花卉的叶片颜色，冬天呈粉色，夏天呈绿色。研究发现，原来是叶片中控制颜色的色素——花青素，其合成受到了温度的控制。此外，应用该技术还获得了花色从红色变为白色的天竺葵花色突变体。

　　关于辐射诱变育种的历史，可以追溯到1927年，穆勒（Muller）用X射线处理果蝇精子，证明X射线可以诱发突变，显著地提高突变率。同一时期，路易斯·约翰·斯塔德勒（Lewis John Stadler）用X射线和γ射线处理大麦和玉米种子，得到了相似的结果，研究成果发表在国际知名期刊《科学》（Science）和《美国科学院院报》（PNAS）上。

图6-6　路易斯·约翰·斯塔德勒及其发表在《科学》上的X射线辐射诱变大麦的研究成果

② 相关辐射概念及辐射装置

吸收剂量

不同的辐射剂量对生物的影响是不一样的。剂量越高，影响程度越大。吸收剂量与"辐射军队"的能量和被辐射物质本身的性质有关。

身边的辐射

我们生活的环境充满了背景辐射，没有人能避免，我们的机体早已适应了自然界的本底辐射。一个成年人平均1年接受的辐射为2400微西弗（特殊人群除外），其中超过50%源于氡，15%源于背景辐射，15%源于医学天然背景辐射。举个例子，1个成年人1次X射线胸透接受的照射剂量约为20微西弗。我们吸入的放射性物质主要是氡-222，无色无味，可以在体内发生阿尔法衰变，氡

图6-7　身边的辐射

被认为是致癌物质。流行病学明确表明吸入高浓度氡与肺癌的发病率有关，因此，氡被认为是一种影响全球室内空气品质的污染物。据美国环境保护局资料显示，氡会增加人患肺癌的机会。每年在美国造成21000人因肺癌死亡。我们吃的食物本身就有不同放射活性的放射性同位素，例如钾-40，衰变成氩-40和钙-40，放出β和γ射线。每500克香蕉的钾-40放射活性为65贝可（Bq）。我们的身体本身也是放射源，含有不同丰度的放射性同位素，70千克的成年人碳-14和钾-40的放射活度为3700贝可和4000贝可，此外身体中还有钋-210、镭-266、钍、氚、铀等。乘坐直升机时，我们也会受到不同程度的辐射，例如有科学家理论计算，乘直升机从北京到芝加哥，1个成年人受辐射的总有效剂量约为82微西弗。

半致死剂量

诱变育种中，最常用的是50%存活率对应辐射剂量，让一半数量的种子活下来，可以获得更多的突变材料。这些突变材料为了生存，不得不改变自己，因此发生变异。

辐射对象

大多数作物和工业微生物都可以用辐射来进行品质改良，但是入侵植物、病原微生物等通常不使用辐射诱变方法进行。此外，有些生物的遗传操作过于复杂，变异后代不容易稳定，或者自发突变本身就已很高，也不用进行辐射诱变。

常规射线辐射装置

常用的辐射装置有X射线装置、γ源装置、中子源和重离子辐照装置。重离子辐照装置主要分为两类：低能离子注入机，通常提供电子伏量级的离子束，即步枪系列火力；中高能重离子加速器装置，提供兆电子伏甚至十亿电子伏量级的离子束，威力更大，属重炮系列。

我们乘坐直升机来到了日本上空，这里有世界上最大的γ射线育种装置。日本辐射育种研究所（The Institute of Radiation Breeding, IRB）的γ辐射育种园，半径100米，比一个足球场还要大。γ射线辐射育种培育出数以千计的有价值变异和大量水果和农作物新品种，例如育成了抗倒伏的矮化荞麦新品种"Darumadattan"，黄花荞麦"Ionnokosai"，浅蓝色矮牵牛花"IRBIi light blue"。

图6-8　日本辐射育种研究所γ射线辐射场

图6-9　美国RAD源技术公司的RS-2400X射线辐射装置

这些γ射线是从特殊的一堆金属里释放出来的，被称作"放射源"，例如钴-60或铯-137。放射源非常危险，需要很厚的辐射防护，例如铅和混凝土，而且由于放射源持续衰变，无法停止，只能通过屏蔽来阻断射线。γ射线使用起来没有另一种光子辐射——

图6-10　加利福尼亚大学的麦克莱伦核研究中心

X射线方便。X射线可由X射线管或者电子加速器轰击金属靶产生，可以随时关闭，并且由于不使用放射性同位素，后续的回收处理相对简单。诱变育种常用的X射线装置种类繁多，这里以美国RAD源技术公司的RS－2400X射线辐射装置为例。

　　加利福尼亚大学的麦克莱伦核研究中心（McClellan Nuclear Research Center）拥有中子发生器，可以进行中子活化分析、耐受辐射分析、同位素生产和快中子辐射育种研究。快中子辐射在拟南芥、烟草、黄瓜、大豆等多种植物诱变育种中获得了丰富的突变材料及新品种。

③　众里寻她千百度，蓦然回首，她在哪里

　　植物种子照射前称为M1代，经过小矮人辐射处理后，称为M1代种子。将M1代种子播在农田里，长出M1代植物，出现好多生理损伤，例如出苗率、存活率、株高、植物畸形等各种损伤，但是育种家并不关注这些损伤，而是对所有M1代植物进行M2代种子收获。将M2代种子播在农田里，M2代植物株高、形态、产量、收获时间等都可能发生变异，这个时候育种家要对M2代植株进行突变体筛选，并且对每个突变体进行M3代种子收获。就这样，他们建立了突变体种子库，从中选取各种需要的材料，然后

经过更高世代的遗传选育，终于获得了生产性能大幅提高的植物新品种，然后分发给农民种植，可以满足日益增长的人口对粮食、蔬菜、水果的需求。

可不要小瞧筛选过程哦，通常在数千甚至数万份种子才能发现育种家心目中理想的材料。最经典也是目前最常用的筛选方法是育种家通过肉眼凭借经验进行筛选，但是筛选鉴定的工作量很大。随着科技的进步，目前可以部分使用机器来进行筛选，我们正在进入高通量、无损伤、自动化、高精度的大数据时代，这将是作物育种学史上又一次新的革命。短短几年时间里，杜邦、孟山都、美国唐纳德丹佛植物科学中心、Leibniz植物遗传和作物研究所、欧洲植物表型组平台（PhenoFab）、日本理化学研究所（RIKEN）、德国巴伐利亚州农业研究中心（LFL）、德国的Lem-naTec等数十家企业和研究机构纷纷研发出了各具特色的高通量表型分析平台。这些平台大大降低了突变体筛选的工作强度。

随着人工智能时代的到来，在不久的将来，农田里也会出现各式各样的机器人，在炎炎夏日里观测记录植物变异情况，而未来的育种家则可以在空调房里喝着咖啡分析数据。这些全副武装的机器人具有很多探测摄像头，例如可见光、红外光、荧光，并且可以进行三维成像，在很短时间内对数百株植物表型进行快速扫描，仿佛在对突变体说："只要你变了，我一定通过我的火眼金睛把你给找出来，看你往哪里藏。"

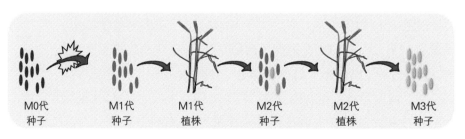

M0代   M1代   M1代   M2代   M2代   M3代
种子   种子   植株   种子   植株   种子

图6-11   辐射诱变育种流程图

④ 诱变显神威

植　物

根据国际原子能机构和联合国粮农组织资料，截止到2015年，有超过3200种作物新品种是由诱变育种方法获得的，其中88.8%是由辐射诱变育种获得。亚洲国家更喜欢使用诱变育种方法对植物进行品种改良。中国、日本和印度都培育了数百个优质新品种。

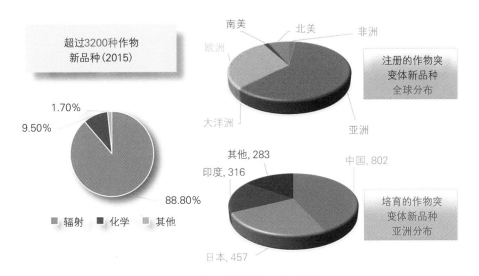

图6-12 诱变育种成果及分布情况

⑤ 辐射诱变育种的新型武器

重离子束诱变

成千上万个小矮人组成的军团，也叫重离子束，也是一种电离辐射。与X射线、γ射线等光子辐射相比，在生物体内释放的能量更高，可以造成更多、更复杂的损伤。小矮人育种原理如下：以每个核子具有能量为80兆电子伏的"碳小矮人"辐射植物种子为例。挥舞着大刀（带有能量）的小矮人前赴后继地穿过细胞，来到细胞核里，与DNA分子的原子相互作用，直接将化学键砍断，或者与细胞的水分子相互作用，产生"新兵"——自由基。新旧矮人士兵将细胞蓝图染色体"哗"地砍断，于是各种不同形式、不同部位的断裂产生了。植物细胞内部特定的"酶医生"赶紧过来修复，有些断裂容易治疗，连接上即可；有些则无法治愈，众多"酶医生"在有限的时间内会诊，查阅资料或者依据经验开始修复，于是错误的修复诞生。不要小看这小小的错误，它可能酿成弥天大错，让植物无法再恢复到原初，于是突变的细胞诞生了。通过细胞分裂增殖，一群变异细胞出现了，最终这些变异细胞形成了"小社会"，大家彼此扶持，其乐融融，共同发育成完整的植株，最终新的突变体诞生了。这些突变体可能比原来的品种个头高/低（株高变化）、晚婚晚育/早婚早育（成熟期变化）、能繁育更多的后代（产量）等，被人类在实验室、农场里精挑细选，出类拔萃的材料被找到，成为新的品种。

利用小矮人军队辐照处理生物样品，可以诱发更多的DNA双链断裂及簇损伤。这些损伤与相同剂量的光子辐射（X射线、γ射

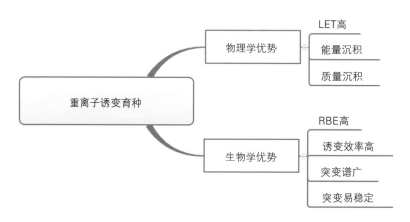

图6-13　小矮人军队诱变育种特点

线等）相比，更难修复，通过错误的修复重组产生多种形式的染色体结构变异，将紧靠的连锁基因拆开，引起基因突变，获得新的变异类型。简而言之，小矮人军队辐射诱变育种具有突变效率高、突变谱广和稳定周期相对较短的三大特点。

全球著名的重离子辐射育种装置

在日本，有4台加速器可以产生小矮人军队，用于辐射诱变育种研究，分别为日本理化所（RIKEN）的仁科加速器系统，量子科学技术研究开发机构（QST）的国立放射线医学综合研究所（NIRS）的千叶重离子医学加速器（HIMAC），量子科学技术研究开发机构（QST）高崎量子应用研究所的高崎（TIRRI）的高崎先进辐射应用离子加速器（TIARA），若狭湾能量研究中心的多用途同步和串列计算器（W-MAST）。日本成立了专门的离子束育种协会，共同推进该技术在基础及应用研究上的应用，获得了大量植物新品种。

中国科学院近代物理研究所的兰州重离子研究装置（HIRFL）是国内唯一能够提供中高能重离子束的大科学装置，每年都有数十家科研单位来中国科学院近代物理研究所开展诱变育种基础及应用研究，取得了大量成果。兰州重离子研究装置的加速器系统包括2台回旋加速器和2台同步加速器。回旋加速器包括扇聚焦回旋加速器（SFC）和分离扇回旋加速器（SSC）。SFC能把"碳小矮人"（C）和"铀小矮人"（U）通过电磁场分别加速到（10兆电子伏每核子和1.08兆电子伏每核子）的能量。SSC能进一步让小矮人跑得更快，"碳小矮人"（C）和"铋小矮人"（Bi）通过电磁场分别加速到（100兆电子伏每核子和9.5兆电子伏每核子）的能量。重离子束育种常采用80兆电子伏每核子的"碳小矮人"辐射各种植物材料，种子、枝条、叶片、根、块茎、组织、悬浮细胞等，获得具有优质性状的突变材料或新品种。

图6-14　小矮人辐照处理的各种植物种子

意想不到的后代——植物诱变育种

　　作物干种子操作简便，通常使用干种子进行辐照处理。不同的作物品种对小矮人辐照敏感性不同。有的作物需要很少的辐照剂量就能够发生变化，而有的作物需要几十倍或上百倍的辐照剂量才能变异。越是幼嫩的组织、含水量越高的材料，越敏感越容易发生变异，因此有时候也会使用湿种子、嫩芽等进行辐照。为了产生更多的DNA变异，科研工作者就需要根据不同作物进行探索，寻找合适的辐照剂量和生物样品类型。当然，为了说清楚小矮人军队是如何影响植物生长发育以及变异，科学家需要选用最简单、生长周期短的植物来进行系统研究。

　　（1）模式植物

　　所谓模式植物，即是指一种植物，人们把它当成了万千草木的代表，借助它来了解植物生老病死的奥秘。人们在对模式植物的形态、解剖结构、生理功能、化学过程、细胞状态及遗传机理进行全面分析和归纳的基础上，把它作为典范，推演得出大多数植物的生命活动规律。常见的模式植物有拟南芥、烟草、百脉根、金鱼草、矮牵牛、水稻、玉米等。说到模式植物的代表，拟南芥就要先提一提了。拟南芥属于十字花科，和我们吃的白菜、榨油用的油菜等同属一个大家族，不过拟南芥的个头比它们小很多，种子只有针尖那么大。为什么在众多的植物中挑中了拟南芥作为经典的模式植物呢？因为它具有以下几个特点。

①植株小，生命周期短：拟南芥的个头矮小，仅有30～40厘米高。一般只要8个星期就可以完成从发芽、长高到开花、结实和死亡的全过程，一年可繁殖6代。如果科学家是拿一棵树来做研究的话，仅是从种下树苗到第一次结种子或许就需要十几年。

②产籽粒多：个头虽小，生长周期短，却有着巨大的结种量，每株苗可产生5000粒左右的种子，在自然界中似乎显得"格调"不高。

③基因组小且遗传信息丰富：拟南芥全基因组测序工作于2000年完成，仅有5对染色体，基因组大小约为125Mbp，是目前已知高等植物中最小的。我们可以把每种生物的基因组比喻成一本如何制造这种生物的手册，很多生物的制造手册篇幅极为庞

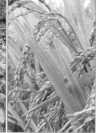

拟南芥	百脉根	烟草	金鱼草	水稻
(*Arabidopsis thaliana*)	(*Lotus corniculatus*)	(*Nicotiana tabacum*)	(*Antirrhinum majus*)	(*Oryza sativa*)

图6-15　各类模式植物

图6-16   模式植物拟南芥

大，里面却充斥着众多重复的"废话"，一些有用的关键信息也被淹没在这些"废话"的汪洋大海里。相比而言，拟南芥的这本制造手册则要薄很多，里面的"废话"也相对较少。

（2）小矮人军队如何改变模式植物

正因为模式植物具有代表性，科学家认为模式植物对物理辐射的反应能代表植物面对辐射诱变的基本响应，并希望借此推演

图6-17   碳小矮人辐照获得的拟南芥突变体

出植物辐射诱变的基本原理和机制。那么模式植物在辐射诱变下会有什么表现呢？我们在室温和大气条件下，利用兰州重离子研究装置产生的碳小矮人军队（每个核子能量为43.3兆电子伏，剂量为200戈）辐照拟南芥干种子，其后代产生了各种各样的变异表现类型。总的来说，变异表现类型包括4个大类，即叶片突变、茎突变、花突变和生长周期突变。碳小矮人辐射诱变拟南

芥的总突变效率为4.77%，而γ射线仅为1.92%，碳小矮人高出了一倍还多，并且碳小矮人能诱发更多类型的变异，例如花突变和茎突变等。

（3）突变体究竟是哪里发生了变化

现代的生物学技术越来越先进，基因组重测序技术，可以将DNA蓝图的所有序列都读出来。选取发生变异的拟南芥，利用高通量测序技术从基因组层面解析导致变异发生的根本原因，我们发现变异植株的基因组，即前面提到过的生物体的操作指南，发生了多处改变。不同于当下人类社会盛行的"整容"仅改变外表，辐射诱导植物形态特征发生的变异，其表象下隐藏着基因组即遗传信息的变异，这种改变是由内及外，自然也无须担忧其"整容"的持久性了。

作物

因为碳小矮人能产生更多的DNA变异，诱变效率很高，已经被广泛用于作物育种。辐照后的种子，在其生长发育的过程中，DNA变异引起作物在形态、产量、品质、抗性等方面一系列的变

图6-18　甜高粱——早熟新品种

化。育种家通过田间观察和仪器分析测定，筛选有益的变化，从而培育出不同需求的作物新品种。

利用碳小矮人辐射处理作物，获得了丰富的变异，并培育出了高产、优质、抗逆的新品种，包括水稻、小麦、高粱、中药材等。这些新品种进行大面积的种植，带来了巨大的经济效益。

图6-19   向日葵——花型变异

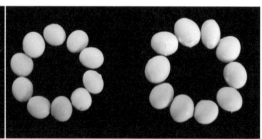

图6-20   小麦——穗型变异   图6-21   大豆——籽粒变异

图6-22   玉米——穗行增多   图6-23   燕麦——穗型变异

图6-24　水稻——株型变异

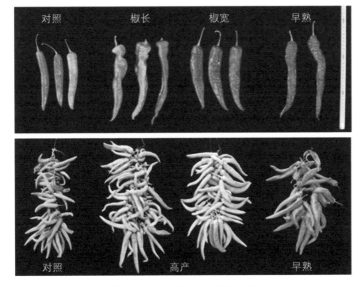

图6-25　辣椒——产量变异

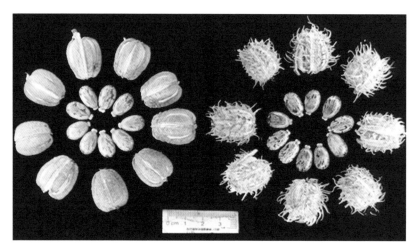

图6-26 蓖麻——形态变异

观赏植物

观赏植物是具有一定的观赏价值，适用于室内外装饰、美化环境、改善环境并丰富人们生活的植物。随着生活水平的提高，人们对新奇花卉的追求增多。我国花卉的生产和应用近年来不断发展，使用人工诱变的方法获取新品种可以极大地提高花卉的自主知识产权。

日本学者率先用矮人军队辐照花卉，取得了变异丰富的突变体，其中成功的范例有很多。例如，利用氮小矮人辐射美女樱获得世界上首个花期延长、花簇增多、不育的商业化新品种，取得了巨大的经济效益。康乃馨叶片经碳小矮人辐照后筛选出了红色、粉红以及双色的花色突变体，并先后获得日本农业部的新品种登记并投放市场，获得巨大利润。另外，利用小矮人军队辐照其他植物的花瓣、茎秆等材料后，也获得条纹花色、复杂花色、重瓣、花瓣数目减少的突变植株，如菊花，获得多种花色复杂、重瓣、腋芽减少且在低温下可以开花的突变体及新种质资源。我国中科院近代物理研究所采用先进的重离子束诱变技术，获得了叶色可以随季节交替变化的白花紫露草新品种"冬花夏草"，以及花色发生明显变异的天竺葵突变体。白花紫露草新品种的叶色随温度变化的彩叶植株，其特征是茎秆紫色，叶片在冬季呈现粉色斑块，且在春夏季又变为绿色，故将其称为"冬花夏草"。

图6-27　碳矮人诱导菊花突变体

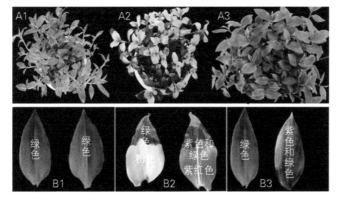

图6-28　"冬花夏草"。冬季叶色变为粉色（A2，B2），春夏季叶片为绿色（A3，B3）

图6-29   离子束诱导天竺葵花色突变体

其 他

藻类是一类在陆地、海洋分布广泛，营养丰富且光合效率高的低等自养植物。藻类的结构非常简单，它们没有像其他植物一样的根茎叶结构，而是具有与叶绿体相似的一个细胞器——叶状体，由它来进行光合作用。藻类含有较多的蛋白质、脂类、藻多糖、β-胡萝卜素、多种无机元素等，不仅可用来制取食用营养物质，而且也可以提取化工原料。微藻在生物能源、环境处理、食品医药等领域

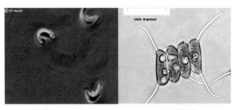

羊角月牙藻   四尾栅藻

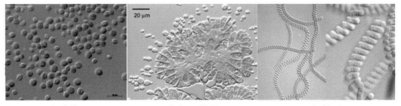

小球藻   布朗葡萄藻   螺旋藻

图6-30   碳离子束辐照诱变微藻

都应用广泛。已有的研究报道了利用碳小矮人诱变选育得到含油量提高30%多的突变藻株，和生长速度较快、光合效率高的突变藻株。目前，利用碳小矮人选育的微藻主要以单细胞绿藻为主，也有日本学者选育得到色素改变的条斑紫菜突变株。目前，中国科学院近代物理研究所应用重离子束辐照诱变技术主要选育的微藻藻种有以下几种：羊角月牙藻、四尾栅藻、小球藻、布朗葡萄藻以及螺旋藻。已经获得了产油量提高、生长速度较快的突变藻株。

6 太空飞船的安全检查员

当你乘坐宇宙飞船遨游太空时，你可曾想过，不仅自己每时每刻都会受到来自太阳，来自银河系，乃至许许多多遥远星系的小矮人、微小矮人和γ射线的攻击，而且那些引导控制飞船前行的计算机中的每一个集成电路器件（将几万甚至几十万个不到一个微米大小的电子学零件集合在一块单晶硅片上，成为一个具有特殊功能的电子学器件）也会受到它们的轰击。因此，太空旅游是要付出一定代价的。尽管如此，人们还是乐此不疲地努力前行，去探寻火星、天狼星等星星的秘密，寻找适合人类生存的星球。

在太阳系的广袤空间中游荡的小矮人，主要是来自太阳中的质子小矮人、氦小矮人和其他微小矮人，如电子和中微子，还有少量的稍重一些的小矮人。他们的穿行速度非常快，有的甚至可以与光并驾齐驱。所以，没有什么东西能够阻止他们。每一次穿越太空旅游者的身体时，他们的速度越快，造成的损失就会越小。但是，不知什么时候，或许在哪个集成电路器件上，会有那么一个速度非常快的质子小矮人，或者是氦小矮人，或者是重的小矮人，几经周折，击中飞船指挥系统的关键部位，而且很不幸又将这个部位的许多城堡上的电子轰了出来，可能就会引起灾难性的后果，这就是科学家说的单粒子效应。要么是部件的性能变坏，要么是将击中的部件烧毁了一点，刚巧这一点上有一个关键的电子学部件。无论是哪种现象，后果都是造成飞船不能正常飞行，或是偏离预定的路线，失去控制。这些后果是多么可怕，多么恐怖啊！一想到这些，就会让太空游客不寒而栗！

如何预防或者避免这些事件呢？首先，要在实验室中对每一个部件进行特殊的体检，检测是否符合进入太空的要求。然后，还要进一步对它进行适当的武装，使它有更强的抵抗外来小矮人的攻击能力。

从SSC训练基地出来的小矮人军队在磁场的引导下，向指定的目标进发，他们穿过茫茫的硅城堡群，不断地与城堡相遇，将城堡外墙上的电子撞击下来，自己也在慢慢地减速。终于，他们来到了密集而有序排布的电子元件市场，但是在小矮人战士的眼中，并没有这些元件的存在，他们看到的仍然是一排排的硅城堡，每个战士都在这里穿行，不停地与城堡相撞，将城堡外墙上

图6-31　空间辐射环境示意图

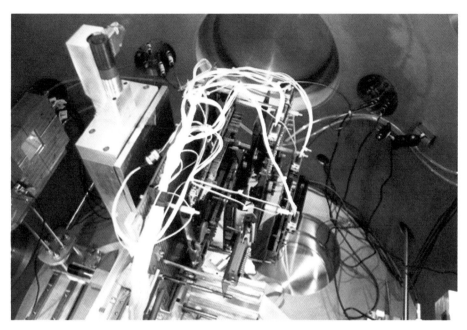

图6-32　兰州重离子加速器单粒子效应实验照片

的电子撞击下来。突然，在一个电流控制阀门附近的城堡群，有一个战士施展浑身解数，一下子连着穿越几个城堡的城墙，并轰下了好多电子。这些电子瞬间形成了一股强大的电子流，冲开了控制阀的阀门。这下可不得了了，大量的电子在电压的驱动下，飞快地从入口涌入管内，不断扩大，像大火一样熊熊燃烧，不断波及阀门内的其他城堡，使它们的城墙一个接一个地轰然倒塌。

　　小矮人军队在一个小时的攻击过程中，会出现好几个类似的现象，偶尔会出现阀门在小矮人的攻击下，不能正常工作。但是，折合到它在太空运行的时间，大概二十年才有一次同样的事故。这对于希望在太空连续运行十年的卫星，还是可以使用的。

　　近十年，中国科学院近代物理研究所的科研人员与航天科技集团公司、中电集团、中科院、高校等单位合作，利用兰州的小矮人部队序列基地（重离子加速器）训练的高能胖小矮人部队，对许多种航天用的集成电路器件进行了安全检查，对它们在太空飞行时的风险进行了评估测试，获得了大量珍贵的数据，这对指导宇航元器件及系统抗辐射加固具有重要意义。

兰州重离子研究装置（HIRFL）大事记

1950年　中国科学院近代物理研究所在北京成立，后更名为中国科学院物理研究所。

1956年　周恩来总理指示：应在兰州设一原子核科学研究点。随后，由著名核物理学家杨澄中牵头在北京筹建兰州物理研究室。

1957年　中国科学院兰州物理研究室在兰州正式成立。

1958年　第二机械工业部在兰州成立"613工程处"，负责筹建"一五"期间苏联援建我国156个重大项目之一的1.5米回旋加速器。

1962年　兰州物理室和"613工程处"合并，成立中国科学院近代物理研究所，代号西北203所。

1976年　国家计划委员会正式批准由中国科学院近代物理研究所负责设计建造"七五"大科学工程"分离扇重离子加速器系统"，代号7611工程。

1989年　7611工程通过国家技术鉴定和竣工验收。

1991年　国家计划委员会批准成立"兰州重离子加速器（HIRFL）国家实验室"。实行开放共享的体制，已经为国内外一百多个用户提供了实验条件。

1992年　兰州重离子研究装置荣获国家科技进步一等奖。

1997年　国内第一条放射性束流线（RIBLL1）建成出束。

1998年　国家发展计划委员会正式批准"九五"国家重大科学工程"兰州重离子加速器冷却存储环（HIRFL-CSR）"立项建设。

2008年　兰州重离子加速器冷却存储环（HIRFL-CSR）通过国家验收。

2012年　兰州重离子加速器冷却储存环（HIRFL-CSR）工程荣获国家科技进步二等奖。

图书在版编目（CIP）数据

探访"小矮人"世界：兰州重离子加速器 / 靳根明，肖国青主编. -- 杭州：浙江教育出版社，2017.12
中国大科学装置出版工程
ISBN 978-7-5536-6761-4

Ⅰ．①探… Ⅱ．①靳… ②肖… Ⅲ．①重离子加速器
—介绍—中国 Ⅳ．①TL56

中国版本图书馆CIP数据核字(2017)第315483号

策　　划　周　俊　莫晓虹
责任编辑　郑　瑜　　　　　　　责任校对　卓　屹　戴正泉
美术编辑　韩　波　　　　　　　责任印务　陈　沁
绘　　图　林　子

中国大科学装置出版工程
探访"小矮人"世界——兰州重离子加速器
ZHONGGUO DAKEXUE ZHUANGZHI CHUBAN GONGCHENG
TANFANG XIAOAIREN SHIJIE——LANZHOU ZHONGLIZI JIASUQI

靳根明　肖国青　主　编

出版发行　浙江教育出版社
　　　　　（杭州市天目山路40号　邮编：310013）
图文制作　杭州兴邦电子印务有限公司
印　　刷　杭州富春印务有限公司
开　　本　710mm×1000mm　1/16
印　　张　9
插　　页　2
字　　数　180 000
版　　次　2017年12月第1版
印　　次　2017年12月第1次印刷
标准书号　ISBN 978-7-5536-6761-4
定　　价　35.00元

联系电话：0571-85170300-80928
网址：www.zjeph.com